Mathematik 5. Klasse in 100 Minuten

Im Sprint mit Spaß zum Wesentlichen für alle

1. Auflage

Copyright © 2024 Daniel Jung und Marc Opresnik

Texte:	© Copyright: Daniel Jung und Marc Oliver Opresnik
Cover:	Malte Mumbeck
Verlag:	Opresnik Management Consulting
Serie:	Opresnik Management Guides, Buch 56
Druck:	Kindle Direct Publishing, ein Amazon-Unternehmen

ISBN-13	979-8884960916

Bibliografische Information der Deutschen Nationalbibliothek

Die Deutsche Nationalbibliothek verzeichnet diese Publikation in der Deutschen Nationalbibliografie; detaillierte bibliografische Daten sind im Internet über http://dnb.d-nb.de abrufbar

Mathematik 5. Klasse in 100 Minuten

Im Sprint mit Spaß zum Wesentlichen für alle

1. Auflage

von

Daniel Jung
Mathe by Daniel Jung

und

Prof. Dr. Marc Oliver Opresnik,
Technische Hochschule Lübeck und
Universität zu Lübeck

Vorwort zur 1. Auflage

Liebe Schülerin, Lieber Schüler und auch liebe Eltern und Interessierte,

schon wieder ein Buch zum Thema Mathematik werdet Ihr jetzt vielleicht denken? Es gibt doch schon so viele Mathe-Bücher. Viele von ihnen sind jedoch entweder schwer zu verstehen oder zu langwierig und erschöpfend.

Dieses Büchlein ist anders, denn es behandelt das komplexe Stoffgebiet der Mathematik der 5. Klasse so, dass es so wenige Seiten wie möglich umfasst, um die wesentlichen Inhalte darzustellen und darüber hinaus so einfach gehalten ist, dass es wirklich alle verstehen und es Freude bereitet, sich auf diese Weise das klausur- und prüfungsrelevante Wissen in diesem Fach anzueignen.

Für wen eignet sich dieses Buch?

Dieses Buch richtet sich an alle Schülerinnen und Schüler der 5. Klasse, die ihre mathematischen Fähigkeiten festigen und weiterentwickeln möchten unabhängig von ihrem aktuellen Wissensstand. Das Buch wurde so gestaltet, dass sowohl Schülerinnen und Schüler, die bereits sicher in der Mathematik sind, als auch diejenigen, die noch Unterstützung benötigen, davon profitieren können.

Lernergebnisse

Nach der Bearbeitung dieses Buches könnt Ihr mit folgenden Lernergebnissen rechnen:

- **Vertieftes Verständnis von Mathematik:** Die praxisorientierten Übungen helfen, das Verständnis für die Mathematik zu vertiefen, wodurch Ihr ein solides Fundament für weiterführende Anwendungen legen könnt.

- **Vorbereitung auf Klausuren und Klassenarbeiten:** Die Aufbereitung mit Aufgaben und Lösungen sind darauf ausgerichtet, Euch gezielt auf Klassenarbeiten vorzubereiten. Die Vielfalt der Übungen spiegelt dabei die Breite der möglichen Prüfungsthemen wider.

Besonderheit dieses Buches

Die Besonderheiten dieses Buches liegen in seiner herausragenden Kompaktheit und einfachen und anschaulichen Aufbereitung. Alle mathematische Themen werden auf eine unterhaltsame und zugängliche Weise präsentiert.

Einmalig ist auch die Zusammensetzung des Autorenteams, bestehend aus Hochschul-Professor Marc Oliver Opresnik und YouTube-Star Daniel Jung, der schon Millionen von Menschen Mathe erklärt hat. Entdeckt die bewährten Tipps und Tricks und Methoden, die Daniel in seinen Videos auf unterhaltsame Art und Weise vermittelt, so dass er zu **einem der meist gesehenen Onlinetutoren weltweit** wurde.

Ganz egal, ob Du einfach nur den aktuellen Stoff vertiefen oder bereits in der Schule gelernte Zusammenhänge wiederholen möchtest, in diesem Buch wirst Du fündig. Vermeintlich komplizierte Zusammenhänge sind in einer für alle verständlichen Sprache dargestellt. Außerdem findest Du zu den Themen alle Formeln, Skizzen und was sonst noch notwendig ist, um den Sachverhalt zu verstehen und die Klausuren und Prüfungen mit Leichtigkeit zu bestehen. Dies wird auch dadurch sichergestellt, dass das Buch nicht nur zahlreiche Beispiele enthält, sondern darüber hinaus auch noch diverse Klausur- und Übungsaufgaben mit Musterlösungen.

Taucht ein in die Welt der Mathematik mit zwei der renommiertesten deutschen Bildungsexperten. Bereitet Euch vor auf 100 Minuten, die Eure Mathe-Kenntnisse für immer zum Positiven hin verändern werden!

Themenbasierte Lern-Videos von Daniel Jung und Prof. Opresnik

Als ergänzendes Lernmaterial stehen Euch dank der QR-Codes im Buch themenbasierte Erklärvideos von uns kostenlos und sofort zur Verfügung. Scannt hierzu einfach jeweils mit Eurem Smartphone oder Tablet den QR-Code und seht Euch die entsprechenden Videos an. Auf diese Weise könnt Ihr Euch optimal auf die Inhalte vorbereiten und wichtige Themen wiederholen.

Der QR-Code der Playlist auf YouTube lautet:

Gliederung

Die Gliederung des Buches basiert auf dem Kerncurriculum für Gymnasien, Gesamt-, Haupt- und Realschulen und deckt alle relevanten Themen der 5. Klasse ab:

- Natürliche Zahlen – Statistische Erhebungen (Kapitel 1)
- Rechnen mit natürlichen Zahlen (Kapitel 2)
- Körper und Figuren (Kapitel 3)
- Flächen und Rauminhalte (Kapitel 4)
- Brüche – Anteile (Kapitel 5)

„Opresnik and Friends" unterstützen „ShareTheMeal"

Ganz im Sinne des integrativen Ansatzes von **#OpresnikLearning** und des **Triple-Bottom-Line-Konzepts** mit den Säulen „**People, Planet, Profit" spendet jedes Buch 1 Mahlzeit für 1 Menschen in Not** über die „**ShareTheMeal"-Initiative des Welternährungsprogramms der Vereinten Nationen.**

Die von **Marc Opresnik** gegründete Initiative „**Opresnik and Friends"** mit dem Motto „**Building a better world through education**" und die „**Opresnik Hollensen Group**" setzen sich dafür ein, die **Agenda 2030** der Vereinten Nationen mit ihren 17 Zielen für nachhaltige Entwicklung (**Sustainable Development Goals, SDGs**) zu unterstützen. Wir konzentrieren uns dabei auf die **Ziele 2 „Kein Hunger" und 4 „Hochwertige Bildung".**

Wir sind fest davon überzeugt, dass wir gemeinsam einen Unterschied machen können.

Durch den Kauf dieses Buches habt Ihr unsere Initiative unterstützt, liebe Schülerin und lieber Schüler, und dafür danken wir Euch von Herzen.

Durch Scannen des untenstehenden **QR-Codes** könnt Ihr den aktuellen **Stand dieser Challenge** sehen und uns auch weiter unterstützen, die Welt ein wenig besser zu machen und das Ziel **#disrupthunger** bis 2030 zu erreichen.

Abbildung I: „ShareTheMeal"-QR-Code „Opresnik and Friends"

Bevor Ihr jetzt lossprintet, ein letzter, aber wichtiger allgemeiner Hinweis: Wir verwenden in diesem Buch aus Gründen der besseren Lesbarkeit zumeist das kürzere, generische Maskulinum. **Wir weisen an dieser Stelle ausdrücklich darauf hin, dass damit weibliche und nichtbinäre Personen gleichberechtigt gemeint sind und gleichermaßen angesprochen werden.**

So, jetzt seid Ihr endlich dran: Auf die Plätze, fertig, los.

Daniel Jung

Mathe by Daniel Jung

Prof. Dr. Marc Oliver Opresnik

Technische Hochschule Lübeck
Universität zu Lübeck

September 2024

Inhaltsverzeichnis

1. Natürliche Zahlen – Statistische Erhebungen

Willkommen in der Welt der Zahlen! Hier geht's los mit den „**Natürlichen Zahlen**". Was sind das überhaupt für Zahlen? Ganz einfach:

> **Natürliche Zahlen sind die Zahlen, die wir benutzen, um Dinge zu zählen, die uns im Alltag begegnen. Zum Beispiel, wenn wir Äpfel zählen oder wie viele Tage bis zum Wochenende bleiben oder sogar Mathe-Abenteuer. Das sind die Nummern 1, 2, 3, 4, 5 und so weiter. Die Menge der natürlichen Zahlen bezeichnen wir als $\mathbb{N}$.**

Lasst uns loslegen!

1.1 Statistische Erhebungen

Jetzt starten wir unser aufregendes Abenteuer mit „Statistische Erhebungen" – das hört sich vielleicht abstrakt an, ist aber total spannend! Hier geht's darum, **wie wir Informationen sammeln** und sie dann in lustige Zahlen-Geschichten verwandeln.

Stellt Euch vor, wir sind wie kleine Detektive und wollen herausfinden, was in unserer Klasse so besonders ist. Vielleicht interessiert uns, welche Lieblingsfarbe die meisten haben oder welches Haustier am beliebtesten ist. Das machen wir, indem wir Daten sammeln. Daten sind wie kleine Schätze, die wir in Tabellen schreiben – das nennt man „Daten sammeln".

Dann wird es noch bunter! Wir gestalten unsere Daten in anschaulichen **Diagrammen**. Diese sind wie bunte Bilder, die uns zeigen, was in unserer Klasse los ist. Zum Beispiel, wie viele Kinder in ihrer Freizeit Fußball spielen oder welches Lieblingsgericht die meisten haben. Das macht nicht nur Spaß, sondern hilft uns auch, Muster und Geheimnisse zu entdecken.

Daten können unterschiedlich dargestellt werden. Die für uns zunächst wichtigsten **Darstellungsformen** sind:

- **Säulendiagramm:** Dies ist eine grafische Darstellung, bei der rechteckige Säulen unterschiedlicher Höhe verwendet werden, um

Werte in verschiedenen Kategorien zu visualisieren und miteinander zu vergleichen. Die Säulen werden dabei stehend gezeichnet.

- **Balkendiagramm:** Bei einem Balkendiagramm werden die Säulen nicht stehend, sondern liegend gezeichnet.

Beispiel

Zum Schuljahresbeginn wurden 200 Schülerinnen und Schüler gefragt, mit welchem Verkehrsmittel sie gewöhnlich zur Schule fahren. Das entsprechende Säulendiagramm sieht dann wie folgt aus:

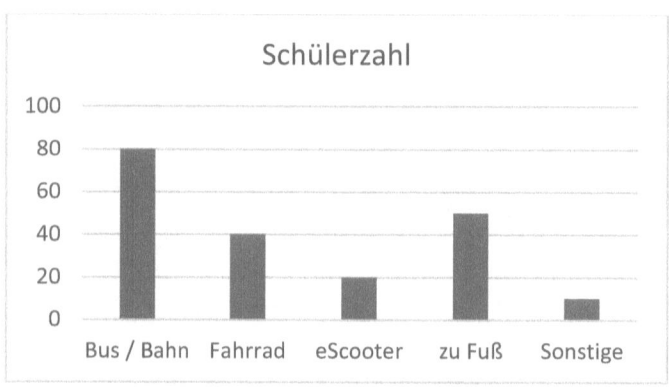

1.2 Große Zahlen: Die Stellenwerttafel

Stellt Euch vor, Ihr habt eine große Zahl vor Euch, zum Beispiel 3.789. Jetzt wollen wir nicht nur wissen, was diese Zahl ist, sondern auch, was jede Ziffer bedeutet und welchen Platz sie hat.

Die Stellenwerttafel ist wie eine magische Landkarte für Zahlen. Sie zeigt uns, welchen Wert jede Ziffer an ihrem Platz hat, sei es Hunderter, Zehner oder Einer.

Grundsätzlich könnt Ihr mit der Kombination der Ziffern 0,1,2,3,4,5,6,7,8,9 riesig große Zahlen aufschreiben. Zu jeder Zahl kann man wieder 1 dazu zählen. So erhaltet Ihr den **Nachfolger.** Dieses Prinzip funktioniert beliebig oft und alle diese Zahlen bilden die Menge der natürlichen Zahlen $\mathbb{N}$.

Wir schreiben Zahlen von links nach rechts, der Wert einer Ziffer steigt jedoch von rechts nach links um das Zehnfache.

Dies verdeutlicht eine **Stellenwerttafel.**

1 Tausend		=	1 000
1 Million	= 1 000 Tausender	=	1 000 000
1 Milliarde	= 1 000 Millionen	=	1 000 000 000
1 Billion	= 1 000 Milliarden	=	1 000 000 000 000
1 Billiarde	= 1000 Billionen	=	1 000 000 000 000 000
1 Trillion	= 1000 Billiarden	=	1 000 000 000 000 000 000

Tausend:	3 Nullen
Million:	6 Nullen
Milliarde:	9 Nullen
Billion:	12 Nullen
Billiarde:	15 Nullen
Trillion:	18 Nullen

Billionen			Milliarden			Millionen			Tausender			H	Z	E	Gelesen
									HT	ZT	T				
									1	4	5	3	0	9	145 Tausend 309
							2	8	1	0	9	0	0	0	28 Millionen 109 Tausend
				1	2	3	0	0	5	0	8	0	9	8	6	123 Milliarden 5 Millionen 80 Tausend 986
					2	4	0	0	0	4	5	6	0	4	3	24 Milliarde 456 Tausend 43
	2	2	3	0	3	0	0	0	0	0	0	6	3	1	22 Billionen 303 Milliarden 6 Tausend 631
9	8	7	6	5	4	3	2	1	0	0	0	0	0	0	987 Billionen 654 Milliarden 321 Millionen

1.3 Vergleichen und ordnen: Der Zahlenstrahl

Alle Zahlen kann man der Größe nach ordnen. Eine spannende Methode, um dies zu machen ist der **Zahlenstrahl.**

Stellt Euch vor, der Zahlenstrahl ist wie eine riesige Straße, auf der Zahlen entlanglaufen. Jede Zahl hat ihren eigenen Platz auf dieser Straße. Die kleinste Zahl, die wir uns vorstellen können, wie die 0, steht ganz links, und die größte Zahl, wie die 100, steht ganz rechts.

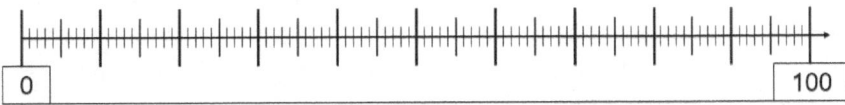

0 ⸻ 100

Auf einem Zahlenstrahl sind die Zahlen der Größe nach von links nach rechts geordnet. Die Markierungen für die Zahlen (Skala) haben bei einem Zahlenstrahl immer den gleichen Abstand, aber die "Schrittlänge" von einer Zahl zur nächsten kann unterschiedlich sein.

Wenn wir zwei Zahlen vergleichen wollen, schauen wir einfach, welcher Zahl auf dem Zahlenstrahl weiter rechts liegt. Das ist so ähnlich wie ein Wettrennen – wer schneller ist, ist größer! Zum Beispiel, die 8 ist größer als die 5, weil sie weiter rechts auf dem Zahlenstrahl liegt.

Zum Ordnen von Zahlen nach der Größe verwendet man die Zeichen < (kleiner als) und > (größer als).

Wenn Ihr Euch in Gedanken die gleichen Stellenwerte von zwei Zahlen untereinanderschreibt, erkennt Ihr schnell, welche Zahl größer ist.

Beispiel: 44.908

**   32.234**

4 Zehntausender sind größer als 3, also: 44.908 > 32.234

Der Zahlenstrahl ist auch super, um Zahlen zu ordnen. Wir stellen uns einfach vor, dass wir die Zahlen entlang der Straße aufstellen, wie kleine Lego-Figuren. Die größte Zahl steht ganz rechts, und die kleinste steht ganz links.

Mit dem Zahlenstrahl können wir also nicht nur Zahlen vergleichen, sondern auch lernen, wie man sie ordnet. Das ist wie ein magisches Werkzeug, das uns hilft, die Welt der Zahlen zu erobern!

1.4 Runden von Zahlen

Stellt Euch vor, Ihr habt eine Zahl, die ein bisschen wie ein Abenteurer ist und an einem ungewöhnlichen Ort auf dem Zahlenstrahl steht. Manchmal wollen wir diese Zahl auf eine einfachere und geradere Zahl runden – das ist wie einen Schatz zu finden!

Das Runden funktioniert so: Wenn die Zahlen hinter dem Komma 5 oder mehr sind, runden wir auf die nächsthöhere Zahl. Aber wenn die Zahlen hinter dem Komma 4 oder weniger sind, runden wir auf die nächstniedrigere Zahl.

Das Symbol ≈ bedeutet „ist ungefähr gleich"

Beispiele:

642 ≈ 640   **Runden auf Zehner bedeutet, dass Du die Einer beachten musst**

76.985 ≈ 77.000   **Runden auf Tausender bedeutet, dass Du die Hunderter beachten musst.**

Wenn wir die Zahl 7,8 runden wollen, sehen wir uns die Zahl hinter dem Komma an – das ist die 8. Weil 8 größer als 5 ist, runden wir auf die nächsthöhere Zahl, also auf die 8.

Aber wenn wir die Zahl 3,2 runden wollen, sehen wir uns wieder die Zahl hinter dem Komma an – das ist die 2. Weil 2 kleiner als 5 ist, runden wir auf die nächstniedrigere Zahl, also auf die 3.

Ob eine Zahl auf- oder abgerundet wird, erkennt man an einem geeigneten Zahlenstrahl daran, ob sie näher bei der rechten oder linken Nachbarzahl liegt.

Das Runden von Zahlen ist wie eine kleine Zauberei, die uns hilft, mit Zahlen einfacher umzugehen und schneller zu rechnen. Es ist wie ein Geheimcode, den wir heute entschlüsseln werden!

1.5 Größen und ihre Einheiten

Nun tauchen wir ein in die faszinierende Welt der Größen und ihrer Einheiten! Klingt spannend, oder? Lasst uns gemeinsam erkunden, was Größen sind und wie wir sie richtig messen können.

Eine Größe besteht immer aus einer Maßzahl und einer Maßeinheit! Wenn Ihr beispielsweise einen 100 Meter-Sprint absolviert ist 100 die Maßzahl und Meter die Maßeinheit.

Man bestimmt Größen durch Messen. Dabei vergleicht man, wie oft eine festgelegte Maßeinheit in der zu messenden Größe enthalten ist.

Stellt Euch vor, Größen sind wie verschiedene Arten von Schätzen, die wir in unserer Welt finden können. Zum Beispiel können wir die Größe eines Zimmers mit Längeneinheiten messen, das Gewicht eines Apfels mit Gewichtseinheiten bestimmen und die Dauer eines Fußballspiels mit Zeiteinheiten angeben.

1.5.1 Längeneinheiten

Wenn wir die Länge von etwas messen wollen, verwenden wir Längeneinheiten wie Meter (m), Zentimeter (cm) oder Kilometer (km). Zum Beispiel ist ein Meter etwa so lang wie ein großer Schritt, ein Zentimeter etwa so lang wie ein kleiner Fingernagel, und ein Kilometer ist eine sehr lange Strecke, die wir mit dem Auto fahren können.

Wenn man zwei Größen vergleichen oder addieren bzw. subtrahieren will, ist dies besonders einfach, wenn beide Größen die gleiche Einheit besitzen. Daher ist es günstig, die Größen zuvor in die kleinste vorkommende Einheit umzuwandeln.

Beispiel:

Wenn Ihr 120 Centimeter und 3 Meter addieren möchtet solltet Ihr zuerst die 3 Meter und Zentimeter umwandeln. Da 1 Meter 100 Zentimeter hat müsst Ihr lediglich 2 Nullen dranhängen: 3 Meter sind also 300 Zentimeter.

Nun kann einfach addiert werden: 120 cm + 300 cm = 320 cm

Längenmaße können

- In der gemischten Schreibweise: 70 m 4 dm 1 cm
- In Kommaschreibweise   70,41 m
- Ohne Komma   7041 cm

angegeben werden.

Enthält die Maßzahl ein Komma, so bezieht sich die Maßeinheit immer auf die Zahl vor dem Komma.

Um bei all den Einheiten nicht verwirrt zu sein kann man eine **Einheiten-tabelle** für Längenmaße verwenden, welche die verschiedenen Einheiten zur Messung von Längen enthält und sie miteinander in Beziehung setzt:

KM			M			DM	CM	MM
H	Z	E	H	Z	E			
				7	0	4	1	

Enthält die Maßzahl ein Komma, so bezieht sich die Maßeinheit immer auf die Zahl vor dem Komma.

Wenn die Maßeinheit um eine Stufe „verfeinert" (z. B. von Metern in Dezimeter), so wird die Maßzahl auf das Zehnfache vergrößert. Ent-hält die Maßzahl ein Komma, so wird dies um eine Stelle nach rechts verschoben,

Beispiele:

7 m = 70 dm   4,85 m = 48,5 dm   5 km = 5.000 m

Wird die Maßzahl um eine Stufe „vergröbert" (z. B. von Dezimeter in Meter), so wird die Maßzahl durch 10 geteilt. Enthält die Maßzahl ein Komma, so wird dieses um eine Stelle nach links verschoben.

Beispiele:

700 cm = 70 dm   36,4 cm = 3,64 dm   400 m = 0,4 km

1.5.2 Gewichtseinheiten

Gewichtseinheiten sind wie Bausteine, mit denen wir herausfinden, wie schwer oder leicht Dinge um uns herum sind.

Für Gewichte gelten die folgenden Maßeinheiten:

1 t (Tonne), 1 kg (Kilogramm), 1 g (Gramm) und 1mg (Milligramm).

Es gilt: 1 t = 1.000 kg, 1kg = 1.000 g, 1 g = 1.000 mg

Genauso wie für Längeneinheiten kann man für Gewichtseinheiten eine
Einheitentabelle anlegen:

t			kg			g			mg		
H	Z	E	H	Z	E	H	Z	E	H	Z	E
					5	2	7	5	0	0	0

Beispiel:

In der obigen Tabelle kann abgelesen werden, dass 5,275 kg = 5.275 g sind.

Wenn Du nun wissen willst, wieviel Milligramm dies sind, musst Du nur 3
Nullen dranhängen und erhältst: 5,275 kg = 5.27.000 mg sind.

Wenn Du jetzt wissen willst, wieviel Tonnen dies sind, dann kannst Du dies
auch einfach ablesen, indem Du einfach vor die Zahl die entsprechende
Anzahl Nullen setzt, bis Du bei den Einern für Tonnen angekommen bist.
Um so viele Stellen musst Du dann das Komma nach links verschieben. Es
ergibt sich, dass 5,275 kg = 0,005275 kg sind.

1.5.3 Zeiteinheiten

Zeit ist überall um uns herum und hilft uns, den Tag zu organisieren – von
Sekunden, die wie ein Herzschlag vergehen, bis hin zu Stunden, die wie ein
langer, sonniger Tag erscheinen.

**Bei der Zeit unterscheidet man Zeitpunkte und Zeitspannen. Ein
Zeitpunkt gibt an, wann etwas beginnt oder endet.**

Eine Zeitspanne gibt an wie lange etwas dauert.

Für Zeitspannen gibt es die folgenden Maßeinheiten:

**a (Jahr), d (day: Tag), 1 h (hour: Stunde), 1 min (Minute), 1 S (Se-
kunde)**

Es gilt:

1 a = 365 d, 1 d = 24 h, 1 h = 60 Min, 1 Min = 60 Sek

8

Beispiel:

Du gehst um 21:30 Uhr ins Bett und stehst am nächsten Morgen um 07:00 Uhr auf. Wie lange hast Du geschlafen?

Zuerst berechnen wir, wie lange Du bis Mitternacht geschlafen hast: Von 21:30 Uhr bis 24:00 Uhr sind es 2 Stunden und 30 Minuten. Dann addieren wir die Zeit von Mitternacht bis zum Aufwachen: Von 00:00 Uhr bis 07:00 Uhr sind es 7 Stunden. Insgesamt hast Du also 9 Stunden und 30 Minuten geschlafen.

1.6 Maßstab

Ein Maßstab ist ein Hilfsmittel, das uns zeigt, wie ein Objekt in verkleinerter oder vergrößerter Form im Vergleich zu seiner wirklichen Größe dargestellt wird. Dies ist besonders nützlich in Karten, Modellen und Zeichnungen, um zu verstehen, wie groß oder klein etwas in Wirklichkeit ist.

Ein Maßstab zeigt das Verhältnis zwischen der Größe einer Zeichnung oder eines Modells und der wirklichen Größe desselben Objekts.

Das Längenverhältnis „Länge einer Strecke im Bild" : „Länge einer Strecke in der Wirklichkeit" heißt Maßstab.

Ist die vordere Zahl kleiner als die hintere Zahl, so ist das Bild kleiner als das Original. Ist die vordere Zahl größer als die hintere Zahl, so ist das Bild größer als das Original.

Zum Beispiel bedeutet ein Maßstab von 1:100, dass 1 Zentimeter auf der Karte oder im Modell in Wirklichkeit 100 Zentimeter, also 1 Meter entspricht. Das hilft uns, große Dinge wie Schulhöfe, Städte oder sogar ganze Länder auf einer Seite in unserem Schulheft darzustellen!

Wenn wir wissen wollen, wie weit zwei Orte in Wirklichkeit voneinander entfernt sind, messen wir den Abstand auf der Karte und multiplizieren diesen mit dem zweiten Wert des Maßstabs. Wenn zwei Orte auf einer Karte mit dem Maßstab 1:1000 5 cm voneinander entfernt sind, sind sie in Wirklichkeit 5.000 cm (also 50 Meter) voneinander entfernt.

1.7 Klausur- und Übungsaufgaben

1. Übertrage auf einen Zettel und gib die Zahl bzw. Nachfolger an.

Zahl	978.000				
Nachfolger		187.975	79.901	1.000.001	3.479.009

2. Setze das richtige Zeichen (>, < oder =) zwischen die Zahlen.

    a. 45 ____ 53

    b. 89 ____ 89

    c. 72 ____ 27

    d. 457 ____ 532

    e. 891 ____ 891

    f. 725 ____ 572

    g. 4,587 ____ 4,578

    h. 9,321 ____ 9,213

    i. 7,250 ____ 7,205

    j. 12,345 ____ 12,453

3. Schreibe die folgenden Zahlen in Ziffern:

    a. Vierzehntausend _____

    b. Sieben Millionen _____

    c. Zweiundfünfzig Billionen _____

4. Runde die Zahl 98.471 auf:

    a. Zehner

    b. Hunderter

    c. Tausender

    d. Zehntausender

5. Schreibe die folgende Zahl und ihre Vorgänger als Dezimalzahl:

    Zweiunddreißig Billiarden dreiundsiebzig Milliarden achthundertzweitausend

6. Notiere die kleinste und die größte Zahl, die beim Runden auf Tausender 24.000 ergibt:

    a. Die kleinste Zahl _____

    b. Die größte Zahl _____

7. Gib an, auf welche Stelle jeweils gerundet wurde.

    a. $555555 \approx 560000$

    b. $492 \approx 490$

8. Trage die folgenden Zahlen auf einem Zahlenstrahl mit geeigneter Längeneinheit ein: 20; 80; 170; 240

9. Die Kinder der 5c wurden nach ihren Lieblingstieren befragt. Jedes Kind durfte ein Tier nennen. Die Schüler fassen die gesammelten Daten in einer Tabelle und in einem Diagramm zusammen. Vervollständige das Diagramm und die Tabelle.

Tier	Schülerzahl
Hund	8
Pferd	
Katze	5
Tiger	3
	4
Kaninchen	1
Elefant	
Hamster	

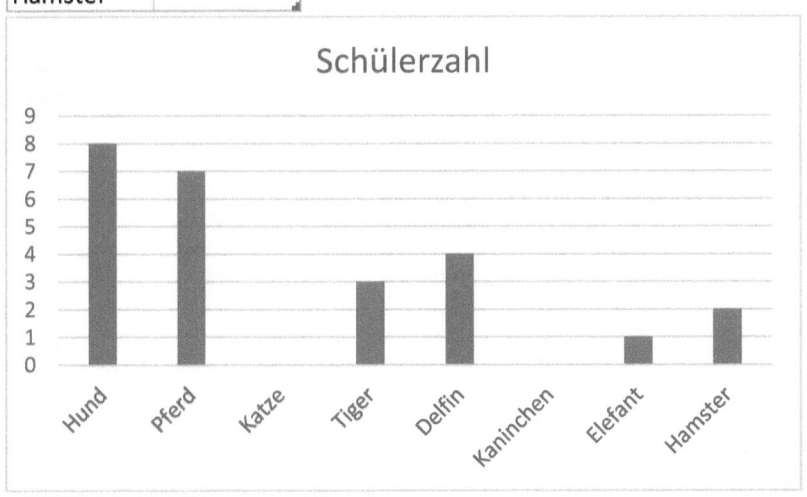

10. Rechne um!

    a.   30 m = _____ cm   d.   11,2 g = _____ mg

    b.   90 kg = _____ t   e.   3,5 h = _____ min

    c.   5 d = _____ h   f.   300 dm² = _____ m²

11. Wie viele Minuten sind es?

    a.   1 h 30 min = _____min   d.   2 h 40 min = _____min

    b.   4 h 15 min = _____ min   e.   5 h 50 min = _____ min

    c.   2 ½ h = _____min

12. Die Entfernung zweier Städte beträgt auf einer Karte mit dem Maßstab 1 : 250.000 genau vier Zentimeter. Berechne, wie weit die Städte in Wirklichkeit voreinander entfernt sind.

13. Bestimme den Maßstab einer Karte, für die gilt: 1 cm = 15 km.

14. Welche Länge hat eine 5 cm lange Strecke bei einem Maßstab von

    a.   1:100

    b.   1: 20.000

    c.   1: 35.000.000

15. Auf einer Karte ist die Strecke von Schwabmünchen nach Bobingen, die in Wirklichkeit 15 km beträgt 0,6 cm lang. In welchem Maßstab ist die Karte dargestellt?

Länge in Wirklichkeit: ....

Länge auf der Karte: ....

1.8 Muster-Lösungen

1. Es ergibt sich folgende Tabelle:

Zahl	978.000	187.974	79.900	1.000.000	3.479.008
Nachfolger	978.001	187.975	79.901	1.000.001	3.479.009

2. Lösungen:

   a. $45 < 53$

   b. $89 = 89$

   c. $72 > 27$

   d. $457 < 532$

   e. $891 = 891$

   f. $725 > 572$

   g. $4,587 > 4,578$ (weil die dritte Stelle nach dem Komma bei der ersten Zahl größer ist)

   h. $9,321 > 9,213$ (weil die zweite Stelle nach dem Komma bei der ersten Zahl größer ist)

   i. $7,250 > 7,205$ (weil die dritte Stelle nach dem Komma bei der ersten Zahl größer ist)

   j. $12,345 < 12,453$ (weil die dritte Stelle nach dem Komma bei der zweiten Zahl größer ist)

3. Schreibe die folgenden Zahlen in Ziffern:

   a. Vierzehntausend 14.000

   b. Sieben Millionen 7.000.000

   c. Zweiundfünfzig Billionen 52.000.000.000.000

   d. Drei Milliarden achtundsechzigtausend 3.000.068.000

4. Runde die Zahl 98.471 auf:

   a. Zehner: 98470

   b. Hunderter: 98500

   c. Tausender: 98000

   d. Zehntausender: 100.000

5. Schreibe die folgende Zahl und ihre Vorgänger als Dezimalzahl.

Zweiunddreißig Billiarden dreiundsiebzig Milliarden achthundertzweitausend:

Zahl: 32.000.073.000.802.000

Vorgänger: 32.000.073.000.801.999

6. Notiere die kleinste und die größte Zahl, die beim Runden auf Tausender 24.000 ergibt:

    a. Die kleinste Zahl 23.500

    b. Die größte Zahl 24.499

7. Gib an, auf welche Stelle jeweils gerundet wurde.

    a. 555555 ≈ 560000 Zehntausender

    b. 492 ≈ 490 Zehner

8. Trage die folgenden Zahlen auf einem Zahlenstrahl mit geeigneter Längeneinheit ein: 20; 80; 170; 240

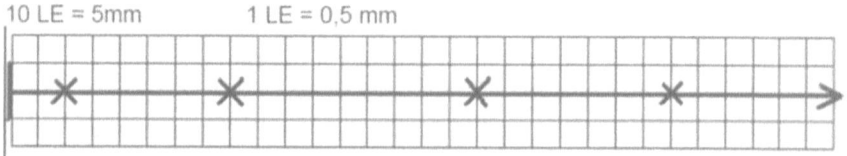

9. Vervollständige das Diagramm und die Tabelle.

Tier	Schülerzahl
Hund	8
Pferd	7
Katze	5
Tiger	3
Delfin	4
Kaninchen	1
Elefant	1
Hamster	2

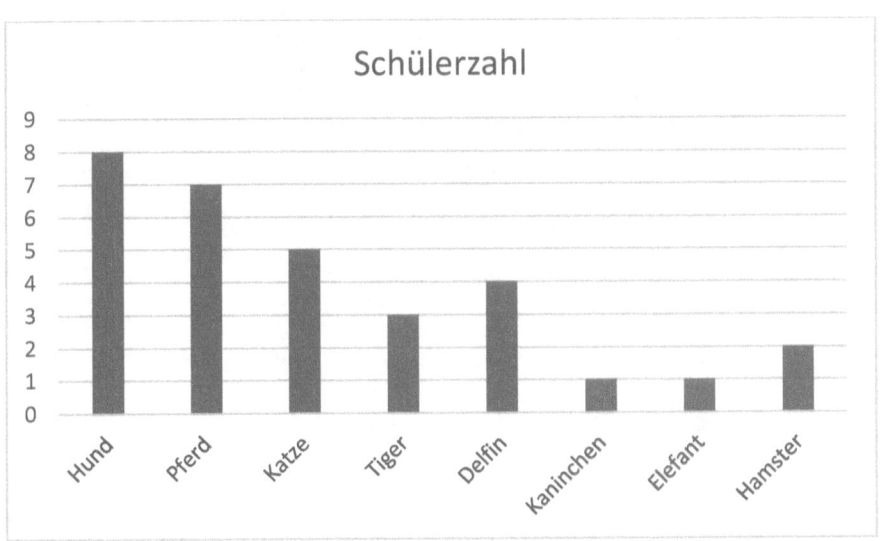

10. Rechne um!

   a. 30 m = 3.000 cm

   b. 90 kg = 0,09 t

   c. 5 d = 120 h

   d. 11,2 g =11.200 mg

   e. 3,5 h = 210 min

   f. 300 dm² = 3 m²

11. Wie viele Minuten sind es?

   a. 1 h 30 min =90 min

   b. 4 h 15 min = 255 min

   c. 2 ½ h =150 min

   d. 2 h 40 min = 160 min

   e. 5 h 50 min = 350 min

12. Die Entfernung zweier Städte beträgt auf einer Karte mit dem Maßstab
    1 : 250.000 genau vier Zentimeter. Berechne, wie weit die Städte in
    Wirklichkeit voreinander entfernt sind:

    Der Maßstab 1 : 250.000 bedeutet, dass 1 cm = 250.000 cm = 2.500 m

    4 cm = 4 x 2.500 m = 10.000 m = 10 km ist die Distanz zwischen den
    beiden Städten in Wirklichkeit.

13. Bestimme den Maßstab einer Karte, für die gilt: 1 cm = 15 km.

15

Hierzu müsst Ihr die km in Zentimeter umrechnen:

15 km = 1.500.000 cm, also ist der Maßstab 1 : 1.500.000

14. Welche Länge hat eine 5 cm lange Strecke bei einem Maßstab von

    a.   1:100 --> 100 * 5 cm = 500 cm = 5m

    b.   1: 20.000 --> 20.000 * 5 cm = 100.000cm = 1 km

    c.   1: 35.000.000 -> 35.000.000 * 5cm = 175. 000.000cm = 1750 km

15. Auf einer Karte ist die Strecke von Schwabmünchen nach Bobingen, die in Wirklichkeit 15 km beträgt 0,6 cm lang. In welchem Maßstab ist die Karte dargestellt?

Länge in Wirklichkeit: 15 km

Länge auf der Karte: 0,6 cm

Zunächst müssen wieder die km in cm umgerechnet werden:

15 km = 1.500.000 cm

Jetzt teilen wir die 1.500.000 durch 0,6 und erhalten 2.500.000

Der Maßstab ist also 1 : 2.500.000

2. Rechnen mit natürlichen Zahlen

Wie bereits eingangs gesagt sind natürliche Zahlen sind all die Zahlen, die Du zum Zählen benutzt, also 1, 2, 3 und so weiter. Sie sind unsere Freunde im Alltag, wenn wir herausfinden wollen, wie viele Äpfel in einem Korb liegen oder wie viele Tage noch bis zu den Sommerferien sind.

2.1 Addieren und Subtrahieren

Stell dir vor, Du hast 3 rote und 4 blaue Murmeln. Wenn Du wissen möchtest, wie viele Murmeln Du insgesamt hast, zählst Du sie einfach zusammen: 3 rote Murmeln + 4 blaue Murmeln = 7 Murmeln.

Das ist Addieren! Ganz einfach, oder?

Nun, was passiert, wenn Du von deinen 7 Murmeln einige verschenkst? Angenommen, Du gibst 2 Murmeln einem Freund. Dann hast Du weniger Murmeln als vorher. Das nennt man Subtrahieren. Von deinen 7 Murmeln nimmst Du 2 weg, und es bleiben 5 Murmeln übrig: 7 Murmeln - 2 Murmeln = 5 Murmeln.

Grundsätzlich verwenden wir bei den Berechnungen mit „plus" und „minus" die folgenden Fachbegriffe.

Addition:

32	+	6	=	38
1. Summand		2. Summand		Summe

Subtraktion:

25	-	5	=	20
Minuend		Subtrahend		Differenz

In diesem Zusammenhang gibt es zwei sehr coole und wichtige **Regeln** in der Welt der Zahlen: das **Kommutativgesetz** und das **Assoziativgesetz**. Diese Gesetze sind wie geheime Tricks, die uns helfen, schneller und schlauer zu rechnen. Lasst uns gemeinsam herausfinden, was sie bedeuten und wie wir sie anwenden können!

Das Kommutativgesetz – Die Vertauschungsregel

Das Kommutativgesetz klingt vielleicht kompliziert, aber es ist eigentlich ganz einfach und praktisch. Es sagt uns, dass es egal ist, in welcher Reihenfolge wir Zahlen addieren oder multiplizieren; das Ergebnis bleibt immer das gleiche.

Stellt Euch vor, Ihr habt 5 Äpfel und Euer Freund gibt Euch noch 3 Äpfel dazu. Ob Ihr nun sagt „5 + 3" oder „3 + 5", die Anzahl der Äpfel, die Ihr habt, ändert sich nicht. Ihr habt immer 8 Äpfel.

Beispiel Addition:

$5 + 3 = 8 \qquad = \qquad 3 + 5 = 8$

Beispiel Multiplikation:

$4 * 2 = 8 \qquad = \qquad 2 * 4 = 8$

Das Kommutativgesetz funktioniert bei Addition und Multiplikation, aber Achtung: Bei Subtraktion und Division funktioniert es nicht!

Ein weiteres wichtiges Gesetz, welches Euch das Leben leichter macht, ist das Assoziativgesetz oder auch Gruppierungsregel.

Das Assoziativgesetz, oder auch Gruppierungsregel

Dieses Gesetz ist ein weiterer magischer Trick, der uns zeigt, dass es beim Addieren oder Multiplizieren mehrerer Zahlen nicht darauf ankommt, wie wir die Zahlen gruppieren.

Das Ergebnis bleibt immer gleich.

Wenn Ihr zum Beispiel 2 + (3 + 4) rechnet, könnt Ihr die Zahlen in der Klammer zuerst addieren und dann die 2 dazuzählen. Oder Ihr fügt zuerst die 2 und die 3 zusammen und addiert dann die 4. Das Ergebnis ist in beiden Fällen dasselbe.

Beispiel Addition:

$$2 + (3 + 4) = 2 + 7 = 9 \qquad = \qquad (2 + 3) + 4 = 5 + 4 = 9$$

Beispiel Multiplizieren:

$$(2 * 3) * 4 = 6 * 4 = 24 \qquad = \qquad 2 * (3 * 4) = 24$$

2.2 Schriftliches Addieren und Subtrahieren

Jetzt, wo Ihr schon wahre Meister im Addieren und Subtrahieren seid, wird es Zeit für die nächste spannende Etappe unseres Sprints: das schriftliche Addieren und Subtrahieren.

Diese Techniken sind super hilfreich, wenn wir mit großen Zahlen jonglieren, die zu knifflig sind, um sie im Kopf zu lösen und wenn Ihr keinen Taschenrechner benutzen dürft, wie in späteren Klassen.

Keine Sorge, wir zeigen Euch, wie das ganz einfach geht! Los geht's!

Beim schriftlichen Addieren stapeln wir die Zahlen übereinander, so dass jede Ziffer ihren eigenen Platz hat. Das bedeutet, Einer unter Einern, Zehner unter Zehnern und so weiter. Dann addieren wir jede Spalte von unten nach oben. Wenn eine Spalte mehr als 9 ergibt, „tragen" wir den Übertrag in die nächste Spalte.

Dies klingt vielleicht kompliziert, ist es aber nicht! Schaut mal her.

19

	4	5	6
+	7	8	9
1	1	1	
1	2	4	5

Fangt bei den Einern an: 6 + 9 = 15.

Schreibt die 5 unter die Linie bei den Einern und schreibt Euch 1 als Übertrag für die Zehner klein in die nächste Spalte links von den Einern. So wie wir es hier unterhalb der Acht gemacht haben.

Weiter geht's bei den Zehnern: 5 + 8 = 13, plus den Übertrag 1 von eben macht 14. Schreibt die 4 unter die Zehner und tragt die 1 wieder zu den Hundertern klein über.

Bei den Hundertern: 4 + 7 = 11, plus den Übertrag 1 macht 12. Schreibt die 2 unter die Hunderter und übertragt wieder die 1. Da wir aber keine weiteren Ziffern mehr haben können wir auch gleich die 12 schreiben.

Das Endergebnis ist also 1.245. Toll gemacht! So schwer war es doch gar nicht.

Beim schriftlichen Subtrahieren fangen wir genauso an, indem wir die Zahlen übereinanderschreiben und dann den Abstand zu der Zahl, von der wir subtrahieren wollen ergänzen. Stellt Euch vor, Ihr seid Detektive, die herausfinden müssen, wie viel Abstand zwischen zwei Zahlen liegt.

Klingt kompliziert? Keine Sorge, wir gehen es Schritt für Schritt durch!

	6	0	2
-	3	7	8
	1	1	
	2	2	4

Wir ergänzen stellenweise:

Bei den Einern: Hier fragen wir wieviel wir benötigen, um den Abstand zur 12 „aufzufüllen", also:

8 + ? = 12

Wir erhalten 4 als Ergebnis und notieren dies unterhalb der Linie. Da wir über die Einer hinausgegangen sind müssen wir wieder 1 Übertrag und schreiben dies bei den Zehnen unterhalb der Sieben hin.

Bei den Zehnern fragen wir also: 1 (Übertrag) + 7 + ? = 10

Als Ergebnis erhalten wir 2 und notieren dies. Und wieder schreiben wir den Übertrag 1 in die Spalte links davon.

Bei den Hunderten fragen wir also: 1 (Übertrag) + 3 + ? = 6

Wir fragen nicht, wie groß der Abstand bis zur 16 ist, da wir links von der 6 keine Tausender haben.

Als Ergebnis erhalten wir daher die 2 und notieren dies!

Das Endergebnis ist also 224.

Üben wir dies einmal zur Verdeutlichung an einer schwierigen Aufgabe mit mehreren und größeren Zahlen. Wir ergänzen wieder stellenweise. Die gesuchten Zahlen sind jeweils *kursiv* dargestellt:

		3	4	5	7
-		1	7	4	2
-			7	9	4
	2	1			
			9	2	1

Einer: 4 + 2 + *1* = 7

Zehner: 9 + 4 + *2* = 15

Hunderter: 1 + 7 + 7 + 9 = 24

Tausender: 2 + 0 + 1 + *0* = 3

Die Nullen am Anfang einer Zahl schreiben wir nie mit.

2.3 Multiplizieren und Dividieren

Nachdem wir uns mit dem Addieren und Subtrahieren vertraut gemacht haben, ist es nun Zeit, zwei weitere Superkräfte der Mathematik zu entdecken: das Multiplizieren und das Dividieren. Diese beiden Operationen helfen uns, größere Mengen effizient zu berechnen und zu teilen.

Was ist Multiplizieren?

Multiplizieren ist, als würdet Ihr dieselbe Zahl mehrmals addieren.

Stellt Euch vor, Ihr habt 4 Tüten mit jeweils 3 Äpfeln. Anstatt zu sagen "3 Äpfel plus 3 Äpfel plus 3 Äpfel plus 3 Äpfel", könnt Ihr einfach sagen "4 mal 3 Äpfel".

Das Multiplizieren macht es uns leichter, große Mengen schnell zu berechnen.

Beispiel:

4 * 3 = 12

Ihr habt 4 Gruppen von Äpfeln, und jede Gruppe enthält 3 Äpfel. Insgesamt habt Ihr also 12 Äpfel.

Was ist Dividieren?

Dividieren ist das Gegenteil von Multiplizieren. Es teilt eine größere Menge in kleinere, gleich große Gruppen auf.

Wenn Ihr 12 Äpfel habt und wissen wollt, wie viele Gruppen von 3 Äpfeln Ihr bilden könnt, dann teilt Ihr 12 durch 3.

Beispiel:

12 : 3 = 4

Ihr habt 12 Äpfel und wollt sie gleichmäßig auf 3 Freunde aufteilen. Jeder Freund bekommt 4 Äpfel.

Vergleich der Addition und Subtraktion gibt es auch hier wieder – wie bei der englischen oder französischen Sprache – Vokabeln, die Ihr kennen solltet. Aber keine Angst: hier gibt es nicht so etwas wie unregelmäßige Verben.

Multiplikation:

2	*	8	=	16
1. Faktor		2. Faktor		Produkt

Division:

16	:	8	=	2
Dividend		Divisor		Quotient

Wie bereits im Rahmen der Addition und Subtraktion erwähnt gelten die beiden coolen Regeln, also das **Kommutativgesetz sowie das Assoziativgesetz, auch bei der Multiplikation!**

Lasst uns zunächst das **Kommutativgesetz** bei der Multiplikation an einem Beispiel betrachten.

Stellt Euch vor, Ihr habt zwei Zahlen, die Ihr multiplizieren möchtet. Das Kommutativgesetz sagt uns, dass es ganz egal ist, in welcher Reihenfolge wir diese Zahlen multiplizieren – das Ergebnis bleibt immer das gleiche:

$4 * 5 = 20 = 5 * 4$

Gemäß dem **Assoziativgesetz** dürft Ihr auch beliebig Klammern setzen oder auch weglassen:

$(13 * 2) * 5 = 13 * (2 * 5) = 13 * 2 * 5 = 13 * 10 = 130$

Das Kommutativ- und Assoziativgesetz bei der Multiplikation sind wie Superkräfte für Mathematikerinnen und Mathematiker: Sie geben uns Flexibilität und Macht über die Zahlen. Mit diesen Gesetzen könnt Ihr die Multiplikation meistern und Euch das Rechnen erleichtern. Nutzt diese magischen Regeln, um Eure mathematischen Abenteuer noch spannender zu gestalten!

2.4 Schriftliches Multiplizieren und Dividieren

Nachdem wir uns mit den Grundlagen des Multiplizierens und Dividierens vertraut gemacht haben, einschließlich der magischen Regeln des Kommutativ- und Assoziativgesetzes, wollen wir nun unsere Fähigkeiten auf die Probe stellen und lernen, wie wir größere Zahlen schriftlich multiplizieren und dividieren können. Diese Techniken sind besonders nützlich, wenn wir mit Zahlen arbeiten, die zu groß sind, um sie im Kopf zu berechnen.

Schriftliches Multiplizieren

Beim schriftlichen Multiplizieren schreiben wir die Zahlen nebeneinander und führen die Multiplikation Schritt für Schritt durch. Hier ist ein einfacher Weg, dies zu tun.

T	H	Z	E		
	3	9	4	*	7
		6	2		
		2	7	5	8

Zunächst kommt das Anordnen der Zahlen: Schreibt die größere Zahl links und die kleinere Zahl rechts.

Jetzt rechnet Ihr Ziffer für Ziffer, also zunächst 4 * 7 = 28.

Ihr notiert die 8 und übertragt dann 2 für die Zehner, so wie wir es bei der schriftlichen Addition und Subtraktion gelernt haben. Ihr könnt diese Zahl wieder klein notieren, damit Ihr sie nicht vergesst!

Dann die nächste Stelle, also: 7 * 9 = 63 + 2 vom Übertrag, also 65. Ihr notiert die 5 neben der 8 und übertragt 6.

Dann die letzte Multiplikation, also 7 * 3 = 21 + 6 vom Übertrag, also 27. Diese schreibt Ihr dann vollständig neben die 5, da es keine Tausenderstelle zum Multiplizieren in diesem Beispiel gibt.

Gar nicht so schwer, seht Ihr!

Wie sieht es jetzt mit einer schwierigeren Aufgabe aus, bei der wir nicht mit einer einstelligen Zahl, sondern mit einer zweistelligen multiplizieren? Dies geht ganz genauso.

4	1	7	*	3	8
			2		
	1	2	5	1	
			1	5	
		3	3	3	6
	1	5	8	4	6

Ihr schreibt die kleinere Zahl auf die rechte Seite und dann multipliziert Ihr Stelle für Stelle.

Wir beginnen mit den Zehnern, also rechnet Ihr 3 * 7 = 21 und notiert die 1 unter der 3 und schreibt als Übertrag 2 klein in die Spalte links davon.

Dann die nächste Stelle, also 3 * 1 = 3 + 2 Übertrag ergibt 5. Die 5 schreibt Ihr neben die 1.

Dann kommt 3 * 4 = 12 und da die 4 die letzte Stelle ist könnt Ihr das Ergebnis neben die 5 schreiben.

Ihr habt damit 417 * 3 = 1.251 ausgerechnet.

Jetz fehlt noch die 8 von den 38, also zunächst rechnet Ihr 8 * 7 = 56 und schreibt die 6 unterhalb der 8 und übertragt klein 5.

Dann 8 * 1 = 8 + 5 vom Übertrag macht 13. Ihr notiert also eine 3 neben der 6 und schreibt klein wieder 1 als Übertrag.

Jetzt kommt noch 8 * 4 = 32 + die 1 vom Übertrag macht 33. Da wir bereits die letzte Stelle erreicht haben könnt Ihr das Ergebnis einfach neben die 3 schreiben.

Ihr habt damit 417 * 8 = 3.336 ausgerechnet.

Als letztes müsst Ihr dann nur noch die beiden Ergebnisse wie Ihr dies aus der schriftlichen Addition gelernt habt zusammenrechnen und kommt auf 15.846.

Zugegeben, eine Multiplikation von großen Zahlen ist aufwändiger als deren Addition aber wenn Ihr das Prinzip einmal verstanden habt, ist es gar nicht so schwierig.

Schriftliches Dividieren

Auch bei der schriftlichen Division rechnen wir Stelle für Stelle. Sehen wir uns dies zunächst an einem einfachen Beispiel an:

T	H	Z	E				H	Z	E
2	3	1	0	:	6	=	3	8	5
-	1	8							
	1								
		5	1						
	-	4	8						
		1							
			3	0					
		-	3	0					
				0					

Wir starten ganz links mit den Tausendern und fragen uns, wie wir 2 durch 6 teilen können. Immer wenn diese Zahl kleiner ist als die Zahl durch die wir teilen wollen, wechseln wir die Stelle: Da 6 < 2 wechseln wir sie in 20 Hunderter.

Wir haben nun also 20 Hunderter + 3 also 23 durch 6 zu teilen. Dies ergibt zunächst 3 Hunderter. Dieses Ergebnis notiert Ihr oben und schreibt wiederum das Ergebnis von 3 * 6 = 18 unterhalb der Zahl auf.

Jetzt haben wir also 18 Hunderter verteilt und ziehen diese wie bei der Subtraktion gelernt von den 23 Hundertern ab und erhalten 5 Hunderter! Auch jetzt müsst Ihr wieder wechseln, da 5 < 6, also haben wir 50 + 1 = 51 Zehner zu verteilen: 50 : 6 = 8. Diese 8 schreibt Ihr neben die 3 oben hin.

Ihr habt damit 8 * 6 = 48 Zehner verteilt und schreibt dies unterhalb der 51 hin und bildet die Differenz: 51 – 48 = 3. Da 3 < 6 wechseln wir wieder und verteilen 30 Einer. Dies können wir einfach ohne Rest verteilen, da 30 : 6 = 5.

Als Endergebnis erhalten wir also: 2.310 : 6 = 385.

Zur Probe könnt Ihr die Multiplikation nutzen, also 385 * 6 = 2.310!

Jetzt rechnen wir zur Verdeutlichung noch eine komplexere Aufgabe, indem wir durch eine zweistellige Zahl dividieren. Nehmen wir an, dass nach einer Klassenreise 5.966 EUR in der Klassenkasse noch übrig sind, da die Kosten für die Klassenfahrt wider Erwarten nicht so hoch waren (dies kommt leider eher selten vor). Dieser Betrag soll nun an die 14 Schülerinnen und Schüler bzw. deren Eltern zurückgezahlt werden. Wir rechnen also 5.966 : 14. Wir gehen wie oben beschrieben vor:

T	H	Z	E				H	Z	E			
5	9	6	6	:	1	4 =	4	2	6	R	2	
-	5	6										
		3	6									
	-	2	8									
			1									
		8	6									
	-	8	4									
			2									

Wir sehen uns hier wieder zunächst die Stelle ganz link an und vergleich diese mit der Zahl, durch die wir teilen wollen und haben 5 < 14 und müssen deshalb die Stelle wechseln und rechnen dann 59 : 14 = 4.

Das Ergebnis tragen wir wieder entsprechend oben ein und schreiben das Produkt 4 * 14 = 56 unter die 59 oben! Wir bilden die Differenz und erhalten 3 und wechseln erneut die Stelle und rechnen dann 36 : 14.

Wir erhalten 2 und notieren dies und das Produkt wieder unterhalb der 36. Als Differenz ergibt sich 8 (Ihr könnt hier immer zur Sicherheit mit den klein geschriebenen Überträgen arbeiten).

Wir wechseln nochmals die Stelle und rechnen dann 86 : 14 und erhalten 6! Wir notieren die oben und schreiben das Produkt, also 6 * 14 = 84 wieder unterhalb der 86!

Als Differenz erhalten wir die 2. Diese 2 lassen sich nicht durch 14 teilen. Eigentlich müssten wir wie oben die Stelle wechseln aber wir sind ja schon bei der letzten Stelle angekommen. Als Ergebnis erhalten wir also , dass jeder 14 Schüler:innen 426 EUR zurückerhält und 2 EUR als Rest in der Klassenkasse bleiben! Ihr schreibt dies als: 426 Rest 2 oder 426 R 2!

Besonderheiten beim Rechnen mit der Null

Beim Rechnen mit der Null gibt es einige Besonderheiten.

Wenn ein Faktor 0 ist, so ist das Produkt 0, also $6 * 0 = 0$

Wenn man 0 durch eine andere Zahl dividiert, so erhält man immer 0, also $0 : 122 = 0$

Durch 0 kann man nichts dividieren.

2.5 Terme und Rechengesetze

In der Mathematik begegnen wir oft Ausdrücken, die Zahlen, Rechenzeichen und manchmal auch Variablen (Buchstaben, die für Zahlen stehen) enthalten. Diese Ausdrücke nennen wir **Terme**.

Ein Term ist ein Rechenweg, der aus mehreren Schritten besteht!

Ein Term kann einfach sein, wie $2 + 3$, oder komplexer, mit mehreren Rechenoperationen und Klammern, wie $2 * 3 + (17 - 6)$.

Um Terme korrekt zu berechnen, müssen wir die Reihenfolge der Operationen verstehen und anwenden. Diese Reihenfolge wird durch **Rechengesetze** festgelegt. Das wichtigste Rechengesetz, das Ihr kennen müsst, ist "**Kl**ammer vor **P**unkt- vor **S**trichrechnung", kurz die **KlaPS-Regel**.

Dieses Gesetz hilft zu entscheiden, welche Rechenoperationen zuerst ausgeführt werden, wenn ein Term mehrere Operationen enthält.

Beispiel	KlaPS-Regel
$21 + 6 * (18 + 2)$	Erst die Klammern ausrechnen, also $18 + 2 = 20$
$= 21 + 6 * 20$	Dann Punktrechnung, also $6 > 20 = 120$
$= 21 + 120$	Dann Strichrechnung, also $21 + 120 = 141$
$= 141$	

2.6 Distributivgesetz

Das **Distributivgesetz** ist ein weiteres wichtiges Rechengesetz, das Euch hilft, mathematische Ausdrücke zu vereinfachen und zu lösen, besonders wenn diese Klammern und mehrere Rechenoperationen enthalten. Es ermöglicht uns, eine Multiplikation über eine Addition oder Subtraktion "zu verteilen". Dieses Gesetz besagt:

Das Distributivgesetz besagt: Wenn Ihr eine Zahl mit einer Summe (oder Differenz) multipliziert, könnt Ihr die Multiplikation in einzelne Schritte zerlegen, indem Ihr die Zahl mit jedem Summanden (oder jedem Term der Differenz) einzeln multipliziert und dann die Ergebnisse addiert (oder subtrahiert).

Die Formel sieht so aus, wobei die Buchstaben bzw. Variablem für beliebige Zahlen stehen:

$a * (b + c) = a * b + a * c$

Da dies immer noch sehr abstrakt ist nehmen wir ein Beispiel zur Verdeutlichung:

Stellt Euch vor, Ihr wollt $3 * (4 + 5)$ berechnen.

Anstatt zuerst gem. der KlaPS-Regel zunächst $4 + 5$ zu rechnen und dann das Ergebnis mit 3 zu multiplizieren, könnt Ihr das Distributivgesetz anwenden:

$3 * (4 + 5) = 3 * 4 + 3 * 5 = 12 + 15 = 27$

Das Distributivgesetz kann auch umgekehrt angewandt werden:

$13 * 8 - 3 * 8 = (13 - 3) * 8 = 10 * 8 = 80$

Das Distributivgesetz kann beim Addieren, Subtrahieren und Multiplizieren und Dividieren angewendet werden!

Das Distributivgesetz ist nicht nur ein theoretisches Werkzeug; es hat praktische Anwendungen, zum Beispiel beim Vereinfachen von Termen oder beim Lösen von Gleichungen. Es hilft Euch, mathematische Probleme effizienter zu lösen, indem es Euch erlaubt, große Zahlen zu zerlegen und Multiplikationen einfacher zu gestalten.

2.7 Potenzieren

In manchen Rechnungen kommt ein und derselbe Faktor mehrfach vor. Dann können wir eine verkürzte Schreibweise wählen und **Potenzieren**.

Potenzieren ist eine mathematische Operation, bei der eine Zahl, die Basis, mehrmals mit sich selbst multipliziert wird. Die Anzahl der Male, die die Basis mit sich selbst multipliziert wird, nennt man den Exponenten. Eine Potenz zeigt also an, wie oft Ihr eine Zahl als Faktor in einer Multiplikation verwendet. Das allgemeine Symbol für eine Potenz ist an, wobei a die Basis und n der Exponent ist.

Wenn wir sagen, a wird "hoch n" genommen, meinen wir damit das Potenzieren.

Beispiel

Statt 3 * 3 * 3 * 3 kann man schreiben 3^4 (gelesen: 3 hoch 4)

3^4 heißt vierte Potenz von 3. 3 ist dabei die Basis bzw. Grundzahl und 4 der Exponent bzw. die Hochzahl.

Besonderheiten

Jede Zahl (außer 0) hoch dem Exponenten 1 ist immer die Zahl selbst, z. B. $3^1 = 3$

Jede Zahl hoch dem Exponenten 0 ist 1 (mit der Ausnahme 0^0, das als nicht definiert gilt), z. B. $3^0 = 1$

Für das Potenzieren gelten nachstehende **Vorgangsregeln**.

Es gilt die erweiterte KLaPPS-Regel, also

Klammern vor Potenzen vor Punktrechnung vor Strichrechnung.

Beispiel

$(2 + 3)^3 * 4 - 2^4$ **Klammerrechnung, also 2 + 3 = 5**

$= 5^3 * 4 - 2^4$ **Potenzrechnung, also $2^4 = 16$ und $5^3 = 125$**

$= 125 * 4 - 16$ **Punktrechnung, also 125 * 4 = 500**

$= 500 - 16$ **Strichrechnung, also 500 − 16 = 484**

$= 484$

Potenzieren ist ein kraftvolles Werkzeug in der Mathematik. Es hilft Euch, große Zahlen einfach zu multiplizieren und ist grundlegend für das Verständnis weiterführender Themen wie Exponentialfunktionen und logarithmisches Rechnen. Mit der Zeit und Übung werdet Ihr feststellen, wie nützlich Potenzen im Alltag und in komplexeren mathematischen Situationen sein können.

2.8 Teiler und Vielfache

In diesem Abschnitt erforschen wir zwei sehr wichtige Begriffe in der Mathematik: **Teiler** und **Vielfache**. Stellt Euch vor, Ihr teilt Süßigkeiten unter Euren Freunden auf oder baut eine lange Perlenkette. Dabei werdet Ihr oft ohne es zu wissen mit Teilern und Vielfachen arbeiten!

Eine Zahl heißt Teiler einer anderen Zahl, wenn diese ohne Rest durch die Zahl dividiert werden kann.

Wenn Ihr zum Beispiel 10 Kekse habt und diese gleichmäßig auf 2 Freunde aufteilen wollt, dann ist 2 ein Teiler von 10, weil 10 durch 2 ohne Rest geteilt werden kann.

Das Ergebnis dieser Teilung ist 5, weil jeder Freund 5 Kekse bekommt.

2 ist Teiler von 10, da 10 : 2 = 5

Wir schreiben hierfür: 2 |10

Nehmen wir ein anderes Beispiel:

9 ist nicht Teiler von 32, da 32 : 9 =3 Rest 5

Wir schreiben dann: 9 ∤ 32

Was ist nun ein Vielfaches?

Multipliziert man eine Zahl nacheinander mit 1, 2, 3, 4, …, so erhält man ihre Vielfachen.

Jede Zahl hat unendliche viele Vielfache.

Beispiel

Im obigen Beispiel hatten wir gesehen, dass 2 der Teiler von 10 ist, da 10 : 2 ohne Rest geteilt werden kann.

Damit ist 10 ein Vielfaches von 2, da 2 * 5 = 10

Noch ein anderes Beispiel zur Verdeutlichung:

Die Vielfachen von 7 sind 7 * 2 = 14, 7 * 3 = 21, 7 > 4 = 28, …

Nachdem wir uns mit Teiler und Vielfachen beschäftigt haben, tauchen wir nun tiefer in die Welt der Zahlen ein und lernen zwei sehr wichtige Konzepte kennen: den **größten gemeinsamen Teiler (ggT)** und das **kleinste gemeinsame Vielfache (kgV)**. Diese Konzepte bauen direkt auf dem auf, was wir über Teiler und Vielfache gelernt haben, und helfen uns, Beziehungen zwischen Zahlen noch besser zu verstehen.

Der größte gemeinsamer Teiler (ggT) von zwei oder mehr Zahlen ist die größte Zahl, die alle diese Zahlen ohne Rest teilen kann. Ihr könnt Euch den ggT wie den größten Baustein vorstellen, der passt, wenn Ihr versucht, zwei oder mehr Zahlen in kleinere, identische Bausteine zu zerlegen.

Nehmen wir z. B. an, wir möchten den ggT von 18 und 24 finden. Die Teiler von 18 sind 1, 2, 3, 6, 9, 18, und die Teiler von 24 sind 1, 2, 3, 4, 6, 8, 12, 24. Die größte Zahl, die in beiden Listen vor-kommt, ist 6. Also ist der ggT von 18 und 24 gleich 6.

Das kleinste gemeinsames Vielfache (kgV) von zwei oder mehr Zahlen ist die kleinste Zahl, die ein Vielfaches aller dieser Zahlen ist.

Nehmen wir auch hier ein Beispiel zur Hand: Für die Zahlen 4 und 5 wären die ersten Vielfachen von 4: 4, 8, 12, 16, 20, und die ersten Vielfachen von 5: 5, 10, 15, 20. Das erste Vielfache, das sie gemeinsam haben, ist 20. Das bedeutet, das kgV von 4 und 5 ist 20.

2.9 Primzahlen und Primfaktorzerlegung

Jetzt tauchen wir in die spannende Welt der Primzahlen ein.

Primzahlen sind wie die Superhelden der Mathematik! Sie sind ganz besondere Zahlen, denn sie haben genau zwei Teiler: 1 und sich selbst. Das bedeutet, eine Primzahl kann nur durch 1 und durch sich selbst ohne Rest geteilt werden.

Jede natürliche Zahl mit genau 2 Teilern heißt Primzahl.

Primzahlen sind: 2, 3, 5, 7, 11, 13, 17, 19, 23, 29, 31, 37, 41, 43, 47,...

Stellt Euch vor, Ihr habt eine Schatztruhe, und nur zwei Schlüssel können sie öffnen: ein kleiner Schlüssel (die 1) und ein ganz besonderer Schlüssel, der genau zur Truhe passt (die Primzahl selbst). Alle anderen Schlüssel funktionieren nicht. Genauso ist es mit Primzahlen!

Primzahlen sind die Bausteine der Zahlenwelt. Ihr könnt Euch das so vorstellen: Fast jede Zahl kann in eine einzigartige Kombination von Primzahlen zerlegt werden, die ist die sogenannte **Primfaktorzerlegung**. Das ist wie bei einem Puzzle, das aus vielen kleinen Teilen besteht. Diese Eigenschaft macht Primzahlen sehr wichtig für die Mathematik und sogar für die Verschlüsselung von Informationen im Internet.

Die Zerlegung einer natürlichen Zahl in ein Produkt aus Primzahlen heißt Primfaktorzerlegung. Zerlegt man eine Zahl in Primfaktoren, so erhält man – abgesehen von der Reihenfolge der Faktoren – stets dieselbe Zerlegung.

Beispiel:

360   =   10   *   36
              / \   / \
           2 * 5   *   4 * 9
           | | / \   / \
           2 * 5   * 2 * 2 * 3 * 3

Wie macht man eine Primfaktorzerlegung?

Um eine Zahl in ihre Primfaktoren zu zerlegen, teilt Ihr sie durch die kleinste Primzahl, durch die sie teilbar ist, und fahrt so fort, bis Ihr am Ende eine Primzahl habt. Das könnt Ihr Euch wie das Schälen einer Zwiebel vorstellen, Schicht für Schicht, bis Ihr zum Kern kommt.

Beispiel

Nehmen wir die Zahl 12:

- Zuerst teilen wir 12 durch die kleinste Primzahl, durch die sie teilbar ist, das ist 2. 12 geteilt durch 2 ist 6.
- Dann teilen wir 6 wieder durch die kleinste Primzahl, durch die sie teilbar ist, das ist wiederum 2. 6 geteilt durch 2 ist 3.
- Jetzt haben wir 3, und das ist eine Primzahl.
- Die Primfaktorzerlegung von 12 ist also 2 * 2 * 3

Die Primfaktorzerlegung hilft auch bei der Bestimmung des größten gemeinsamen Teilers (ggT) und des kleinsten gemeinsamen Vielfachen (kgV).

Dabei zerlegt Ihr jede Zahl in ihre Primfaktoren, also in die Produkte von Primzahlen, die multipliziert die Originalzahl ergeben. Anhand dieser Zerlegungen könnt Ihr dann ganz einfach den ggT und das kgV bestimmen.

Der genaue **Prozess** ist wie folgt:

- **Primfaktorzerlegung**: Zuerst zerlegt Ihr jede der Zahlen in ihre Primfaktoren.

- **Bestimmung des ggT**: Der ggT ist das Produkt aller Primfaktoren, die beiden Zahlen gemeinsam sind, jeweils in der niedrigsten Potenz, in der sie in beiden Zahlen vorkommen.

- **Bestimmung des kgV**: Das kgV ist das Produkt aller Primfaktoren, die in mindestens einer der beiden Zahlen vorkommen, jeweils in der höchsten Potenz, in der sie in einer der Zahlen vorkommen.

Nehmen wir als **Beispiel** die Zahlen 48 und 30.

- Primfaktorzerlegung: $48 = 2^4 * 3$ und $30 = 2 * 3 * 5$

- ggT bestimmen: Beide Zahlen teilen die Primfaktoren 2 und 3. Der ggT ist das Produkt dieser Faktoren in der niedrigsten Potenz, in der sie in beiden Zahlen vorkommen, also: $2^1 * 3^1 = 6$

- kgV bestimmen: Das kgV beinhaltet alle Primfaktoren, die in mindestens einer der beiden Zahlen vorkommen: 2, 3 und 5. Wir nehmen jeden Faktor in der höchsten Potenz, in der er in einer der Zahlen vorkommt:

  Für 2 ist das 2^4, da 48 den Faktor 2 in der vierten Potenz enthält.

  Für 3 ist das 3^1, da beide Zahlen den Faktor 3 in der ersten Potenz enthalten.

  Für 5 ist das 5^1, da 30 den Faktor 5 in der ersten Potenz enthält.

  Das kgV ist also: $2^4 * 3^1 * 5^1 = 16 * 3 * 5 = 240$.

2.10 Teilbarkeitsregeln

Teilbarkeitsregeln sind wie spezielle Tricks oder Geheimcodes, die uns schnell sagen, ob eine Zahl durch eine andere Zahl geteilt werden kann.

Teilbarkeit durch 2, 5 oder 10

Eine natürliche Zahl ist durch

- 2 teilbar, wenn ihre letzte Ziffer 0, 2, 4, 6 oder 8 ist, sonst nicht

- 5 teilbar, wenn ihre letzte Ziffer 0 oder 5 ist, sonst nicht

- 10 teilbar, wenn ihre letzte Ziffer 0 ist, sonst nicht

Durch 2 teilbare Zahle heißen gerade Zahlen, die übrigen ungerade Zahlen!

Teilbarkeit durch 3

Eine natürliche Zahl ist durch 3 teilbar, wenn die Quersumme, also die Summe aller ihrer Ziffern, durch 3 teilbar ist. Nehmen wir die Zahl 123: $1 + 2 + 3 = 6$. Da 6 durch 3 teilbar ist, ist auch 123 durch 3 teilbar.

Teilbarkeit durch 4 und durch 25

Eine natürliche Zahl ist durch

- 4 teilbar, wenn die aus den letzten beiden Ziffern gebildete Zahl durch 4 teilbar ist, sonst nicht. Zum Beispiel ist 312 durch 4 teilbar, weil die Zahl 12 (die letzten zwei Ziffern von 312) durch 4 teilbar ist.

- 25 teilbar, wenn die aus den letzten beiden Ziffern gebildete Zahl durch 25 teilbar ist, sonst nicht. Zum Beispiel ist 225 durch 25 teilbar, weil die Zahl 25 (die letzten zwei Ziffern) durch 25 teilbar ist.

Teilbarkeit durch 9

Eine natürliche Zahl ist durch 9 teilbar, wenn Ihre Quersumme (die Summe aller ihrer Ziffern) durch 9 teilbar ist, sonst nicht. Nehmen wir die Zahl 198: $1 + 9 + 8 = 18$. Da 18 durch 9 teilbar ist, ist auch 198 durch 9 teilbar.

Diese Regeln sind super hilfreich, um schnell mathematische Probleme zu lösen, besonders wenn Ihr mit großen Zahlen arbeitet oder wenn Ihr herausfinden wollt, ob eine Zahl ein Vielfaches oder ein Teiler einer anderen Zahl ist. Sie sind auch eine tolle Methode, um Euer Verständnis von Zahlen und ihren Beziehungen zueinander zu verbessern.

2.11 Klausur- und Übungsaufgaben

1. Welche Zahl musst Du einsetzen? Übertrage in Dein Heft und kontrolliere das Ergebnis mit der entgegengesetzten Rechenart!

   a. $486 + ? = 791$

   b. $955 - ? = 218$

   c. $? - 436 = 159$

   d. $? + 641 = 807$

2. Welche Zahl muss man von 371 subtrahieren, um die Differenz von 41 und 29 zu erhalten?

3. Übertrage in Dein Heft und löse folgende Additions- und Subtraktionsaufgaben schriftlich.

   a. $635.967 + 439.635$

   b. $438.530 - 268.946$

   c. $48.345 + 1.851 + 14.119 + 8.736$

   d. $37.234 - 2.962 - 14.119 - 8.725$

4. Übertrage in Dein Heft und berechne schriftlich!

   a. $72.645 * 82$

   b. $80.125 * 753$

   c. $85.216 : 4$

   d. $7.992 * 125$

   e. $217.560 : 280$

5. Rechne vorteilhaft, indem Du die entsprechenden Gesetze anwendest!

   a. $299 + 88 + 31 + 42$

   b. $867 + 54 + 23$

   c. $32 + 87 + 168 + 223$

   d. $13 * 8 + 57 * 8$

6. Berechne unter Beachtung der Rechengesetze!

   a. $5 * 12 - 120 : 15$

   b. $9 * 16 + (119 - 31)$

   c. $5 * 10^3$

   d. $(640 - 30) : (31 - 3 * 7)$

   e. $(30 - 10) * (23 + 3)$

f. $(263 - 81 : 9) : 2 - 26 :$
    13

7. Setze | oder ∤ (ist oder ist nicht Teiler von) so ein, dass eine wahre
    Aussage entsteht!

    a. 5 ___ 25   d. 9 ___ 39

    b. 6 ___ 26   e. 7 ___ 49

    c. 8 ___ 84   f. 4 ___ 44

8. Unterstreiche die folgenden Zahlen, welche ohne Rest durch 2 teilbar
    sind!

    a. 433   c. 332

    b. 524   d. 150

9. Zerlege in ein Produkt von lauter Primzahlen.

    a. 60

    b. 264

    c. 630

10. Bestimme das kgV durch Primfaktorzerlegung!

    a. kgV (6; 15)

    b. kgV (36; 92)

    c. kgV (14; 24; 51)

11. Bestimme den ggT mit Hilfe von Primfaktorenzerlegung!

    a. ggT (38; 72)

    b. ggT (24; 84)

    c. ggT (20; 65; 117)

2.12 Muster-Lösungen

1. Welche Zahl musst Du einsetzen?

    a. 486 + ? = 791 --> Wir stellen die Aufgabe um und rechnen 791 − 486 und erhalten 305. Probe: 486 + 305 = 486.

    b. 955 - ? = 218 --> Auch hier stellen wir um und fragen uns, wieviel wir zu 218 hinzuzählen müssen, um 955 zu erhalten. Es ergibt sich wie bei Aufgabe a: 218 + ? = 955. Wir rechnen also 955 − 218 und erhalten 737.

    c. ? − 436 = 159 --> Wir stellen um und fragen uns, welche Zahl wir erhalten, wenn wir 159 und 436 addieren. Das Ergebnis ist 595.

    d. ? + 641 = 807 --> Wie bei den vorangegangenen Aufgaben stellen wir um und erhalten 807 − 641 = 166 als Ergebnis.

2. Wir schreiben zunächst einmal den Term auf:

    371 - ? = (41 - 29)

    Jetzt rechnen wir die Klammer aus: 41 − 29 = 12

    Es ergibt sich also: 371 - ? = 12

    Damit haben wir wieder den Typ wie in Aufgabe 1b und fragen uns, wieviel wir zu 12 addieren müssen, um 371 zu erhalten. Hierzu bilden wir die Differenz und berechnen 371 − 12 = 359.

3. Übertrage in Dein Heft und löse folgende Additions- und Subtraktionsaufgaben schriftlich.

    a. 1.075.602   c. 73.051

    b. 169.584   d. 11.428

4. Übertrage in Dein Heft und berechne schriftlich!

    a. 5.956.890   c. 21.304

    b. 60.334.125   d. 999.000

e. 777

5. Rechne vorteilhaft, indem Du die entsprechenden Gesetze anwendest!

a. $299 + 31 + 88 + 42 =$
   $330 + 130 = 460$

c. $32 + 168 + 87 + 223 =$
   $200 + 310 = 510$

b. $867 + 23 + 54 = 890 +$
   $54 = 944$

d. $13 * 8 + 57 * 8 = (13 +$
   $57) * 8 = 70 * 8 = 560$

6. Berechne unter Beachtung der Rechengesetze!

a. $5 * 12 - 120 : 15 = 52$

b. $9 * 16 + (119 - 31) = 232$

c. $5 * 10^3 = 5.000$

d. $(640 - 30) : (31 - 3 * 7) =$
   61

e. $(30 - 10) * (23 + 3) =$
   520

f. $(263 - 81 : 9) : 2 - 26 :$
   $13 = 125$

7. Setze | oder ∤ (ist oder ist nicht Teiler von) so ein, dass eine wahre Aussage entsteht!

a. $5 \mid 25$

d. $9 \nmid 39$

b. $6 \nmid 26$

e. $7 \mid 49$

c. $8 \nmid 84$

f. $4 \mid 44$

8. Unterstreiche die folgenden Zahlen, welche ohne Rest durch 2 teilbar sind!

a. 433

c. <u>332</u>

b. <u>524</u>

d. <u>150</u>

9. Zerlege in ein Produkt von lauter Primzahlen.

a. $60 = 2 * 30 = 2 * 2 * 15 = 2 * 2 * 3 * 5 = 2^2 * 3 * 5$

b. $264 = 2 * 132 = 2 * 2 * 66 = 2 * 2 * 2 * 33 = 2 * 2 * 2 * 3 * 11 =$
   $2^3 * 3 * 11$

c. $630 = 2 * 315 = 2 * 3 * 105 = 2 * 3 * 3 * 35 = 2 * 3 * 3 * 5 * 7 = 2 * 3^2 * 5 * 7$

10. Bestimme das kgV durch Primfaktorzerlegung!

a.   kgV (6; 15): 6= 2 * 3 und 15= 3 * 5 --> kgV = 2 * 3 * 5 = 30

b.   kgV (36; 92): 36 = 2 * 3 * 2 * 3 und 92 = 2 * 2 * 23 --> kgV = 2 * 3 * 2 * 3 * 23 = 828

c.   kgV (14; 24; 51): 14= 2 * 7 und 24 = 2 * 2 * 3 * 2 und 51 = 3 * 17 --> kgV = 2 * 7 * 3 * 2 * 17 = 2.856

11. Bestimme den ggT mit Hilfe von Primfaktorenzerlegung!

a.   ggT (38; 72): 38 = 2 * 19 und 72= 2 * 2 * 3 * 2 * 3 --> ggT = 2

b.   ggT (24; 84): 24 = 2 * 2 * 2 * 3 und 84 = 2 * 7 * 2 * 3 --> ggT= 2 * 2 * 3 = 12

c.   ggT (20; 65; 117): 20 = 2 * 5 *2 und 65 = 5 * 13 und 117 = 3 * 13 * 3 --> ggT = 1

3. Körper und Figuren

3.1 Körper und Vielecke

In diesem Abschnitt unseres Mathe-Sprints tauchen wir in die faszinierende Welt der Körper und Vielecke ein.

Körper sind Objekte, die Ihr im Raum um Euch herum sehen könnt. Sie haben Tiefe, Breite und Höhe und bestehen aus Ecken, Kanten und Flächen.

Stellt Euch einen Fußball, einen Würfel oder eine Getränkedose vor – all das sind Beispiele für Körper.

Die **7 geometrischen Grundkörper** sind:

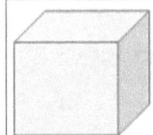

Würfel:
Begrenzt durch 6 Quadrate

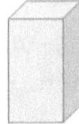

Quader:
Begrenzt durch 6 Rechtecke

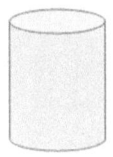

Zylinder:
Begrenzt durch 2 Kreise und 1 gewölbte Rechteckfläche

Kegel:
Begrenzt durch 1 Kreis und 1 gewölbte Fläche

Kugel:
Gegrenzt durch 1 gewölbte Fläche

Prisma:
Begrenzt durch 2 Vielecke als Grund- und Deckfläche, Rechtecke als Seitenflächen

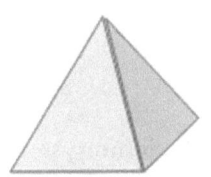

Pyramide:
Begrenzt durch 1 Vieleck als Grundfläche und Dreiecke als Seitenflächen.

Ein Vieleck oder auch Polygon ist eine Fläche, die von geraden Linien begrenzt wird. Diese Linien heißen Seiten und dürfen sich nicht überschneiden. Vielecke werden mit Hilfe ihrer Eckpunkte bezeichnet.

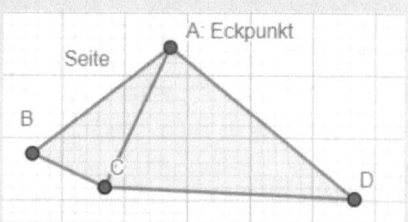

Dieses Vieleck heißt: ABCD

Jede Verbindungsstrecke von zwei Eckpunkten, die nicht Seite eines Vielecks ist, nennt man Diagonale. Im Beispiel ist die Diagonale von Punkt A nach C eingezeichnet.

3.2 Stecken

Eine Strecke ist ein gerader Weg, der zwei Punkte miteinander verbindet. Diese beiden Punkte, die Anfangs- und Endpunkt der Strecke sind, nennen wir die "Endpunkte".

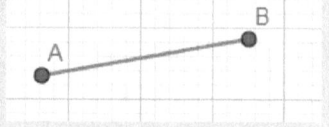

Eine Strecke wird mit $\overline{AB}$ bezeichnet, die Länge einer Strecke mit $|AB|$

3.3 Geraden und Beziehungen zwischen Geraden

Nachdem wir das Konzept der Strecken verstanden haben, ist es nun an der Zeit, uns mit **Geraden** und den verschiedenen Beziehungen zwischen ihnen zu beschäftigen. Geraden sind in der Geometrie grundlegend und bilden die Basis für das Verständnis räumlicher Beziehungen und Strukturen.

Eine Gerade ist eine unendlich lange, gerade Linie, die keine Krümmung aufweist und in beide Richtungen keine Endpunkte hat. Geraden werden mit kleinen Buchstaben wie a, b , c , ... bezeichnet oder durch zwei Punkte, die auf der Geraden liegen.

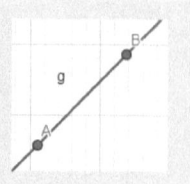

Geraden können auf **verschiedene Arten zueinander in Beziehung** stehen.

Die wichtigsten **Beziehungen** sind:

- **Parallele Geraden**: Zwei oder mehr Geraden sind parallel, wenn sie in derselben Ebene liegen und sich niemals schneiden, egal wie weit sie verlängert werden. Parallele Geraden haben überall den gleichen Abstand zueinander.

- **Senkrechte Geraden**: Zwei Geraden sind senkrecht oder **orthogonal** zueinander, wenn sie sich schneiden und dabei einen rechten Winkel (90 Grad) bilden. Senkrechte Geraden kreuzen sich auf eine Weise, die für geometrische Konstruktionen und Berechnungen sehr wichtig ist.

- **Sich schneidende Geraden**: Wenn zwei Geraden sich an einem Punkt kreuzen, aber keinen rechten Winkel bilden, werden sie als sich schneidende Geraden bezeichnet. Der Punkt, an dem sie sich treffen, ist der Schnittpunkt.

In diesem Zusammenhang ist auch der Begriff des **Abstands** wichtig!

Der Abstand ist die Länge des kürzesten Weges zwischen zwei Punkten. Egal ob auf einer geraden Linie, in der Ebene oder im Raum, der Abstand gibt uns eine klare Vorstellung davon, wie weit zwei Objekte oder Punkte voneinander entfernt sind. Der Abstand eines Punktes C von einer Geraden a ist die Länge der kürzesten 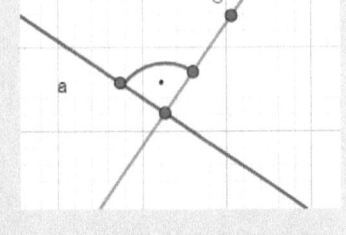 **Verbindungsstrecke zwischen dem Punkt und der Geraden. Dies bedeutet, dass die Linie, die den Punkt und die Gerade verbindet, stets senkrecht zur Geraden stehen muss.**

3.4 Koordinatensystem

Stellt Euch vor, Ihr seid Schatzsucher und sucht nach einem verborgenen Schatz. Um diesen Schatz zu finden, habt Ihr eine Schatzkarte, die Euch genau zeigt, wo Ihr graben müsst. In der Welt der Mathematik ist das Koordinatensystem unsere Schatzkarte. Es hilft uns, genau zu finden, wo sich

Punkte in einem Raum oder auf einer Fläche befinden. Ein Koordinatensystem ist wie ein riesiges Netz über einem Blatt Papier oder einer Tafel, das uns hilft, Orte zu finden. Stellt Euch vor, Ihr spielt ein Spiel, bei dem Ihr Eure Figuren auf bestimmte Felder setzen müsst. Das Koordinatensystem arbeitet ähnlich, indem es jeden Punkt in der Ebene mit einem eindeutigen Paar von Zahlen, den Koordinaten, markiert.

Ein Koordinatensystem besteht aus einem nach rechts gerichteten Zahlenstrahl (Rechtsachse, x-Achse oder Abszisse) und einem nach oben gerichteten Zahlenstrahl (Hochachse, Y-Achse oder Ordinate).

Jeder Punkt im Koordinatensystem wird durch ein Zahlenpaar beschrieben, das in Klammern geschrieben wird. Die erste Zahl nennt man die X-Koordinate (oder 1. Koordinate), weil sie sagt, wie weit nach rechts der Punkt vom Ursprung entfernt ist. Die zweite Zahl ist die Y-Koordinate oder 2. Koordinate, die uns verrät, wie weit nach oben der Punkt liegt. Zum Beispiel zeigt Der Punkt A mit den Koordinaten A (2 | 3), dass Ihr 2 Schritte nach rechts und dann 3 Schritte nach oben geht, um zum Punkt zu gelangen!

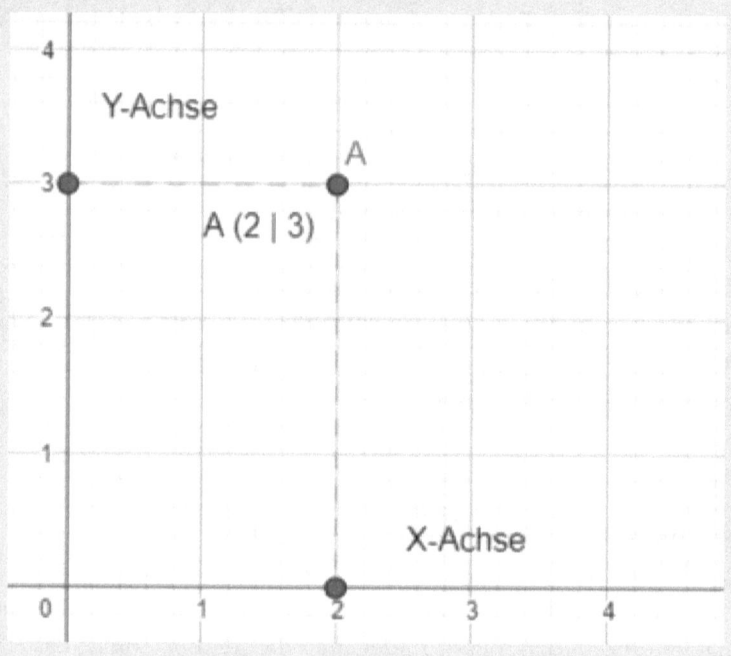

3.5 Besondere Vierecke

In der Welt der Geometrie gibt es viele verschiedene Arten von Vierecken, aber einige davon sind besonders interessant und haben einzigartige Eigenschaften. Diese besonderen Vierecke zu kennen, ist wie das Erlernen einer geheimen Sprache, die Euch hilft, die Geheimnisse der Mathematik zu entschlüsseln. Lasst uns einige dieser **besonderen Vierecke** erkunden:

- **Parallelogramm:** Bei diesem Viereck sind die gegenüberliegenden Seiten stets parallel und gleich lang, aber die Winkel sind nicht unbedingt 90 Grad.

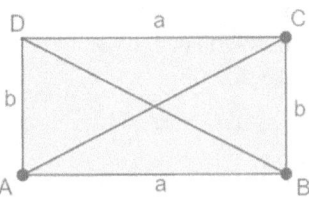

- **Rechteck:** Ein besonderes Parallelogramm ist das Rechteck, Die benachbarten Seiten sind rechtwinklig bzw. orthogonal zueinander und die gegenüberliegenden Seiten sind gleich lang.

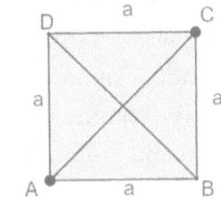

- **Quadrat:** Ein Quadrat ist wie ein besonders ordentliches Rechteck, bei dem alle Seiten gleich lang sind und alle Winkel 90 Grad betragen. Je zwei benachbarte Seiten sind orthogonal zueinander.

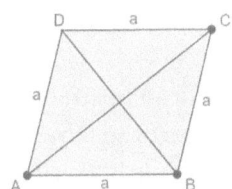

- **Raute (Rhombus):** Die Raute ist ein Parallelogramm mit vier gleich langen Seiten: Die gegenüberliegenden Seiten sind parallel zueinander. Alle 4 Seiten sind gleich lang.

- **Trapez:** Das Trapez ist ein Viereck, bei dem mindestens zwei gegenüberliegende Seiten parallel zueinander sind. Die parallelen Seiten heißen Grundseiten und die anderen Seiten heißen Schenkel.

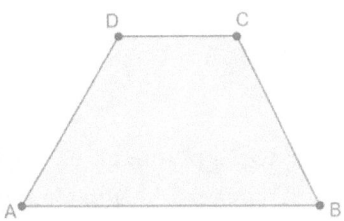

3.6 Netz und Schrägbild von Quader und Würfel

Ein Netz zeigt uns, wie man die Oberfläche eines dreidimensionalen Körpers ausbreiten kann, sodass sie zweidimensional wird.

Gleichzeitig erlaubt uns das Schrägbild, diese Körper aus einer schrägen Perspektive zu sehen, als ob wir sie in der Hand halten und von oben schräg darauf schauen.

Lasst uns herausfinden, wie die Netze und Schrägbilder von Würfeln und Quadern aussehen:

Quader sind Körper, de von **6 rechteckigen Flächen** begrenzt werden. Ein Quader ähnelt dem Würfel, hat aber Flächen, die rechteckig statt quadratisch sind. Das Netz eines Quaders zeigt uns diese Rechtecke.

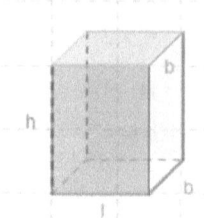

Das **Netz des passenden Quaders** sieht anders aus als das Netz eines Würfels, weil die Seitenflächen unterschiedlich lang sein können. Ihr könntet ein großes Rechteck für die Ober- und Unterseite haben und vier kleinere Rechtecke für die Seiten.

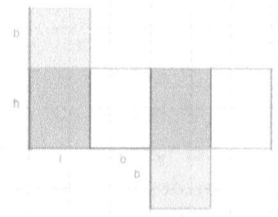

Würfel sind **besondere Quader**: Sie werden von **6 quadratischen Flächen** begrenzt. In einem Schrägbild zeichnen wir den Würfel so, dass wir drei seiner Seiten gleichzeitig sehen können.

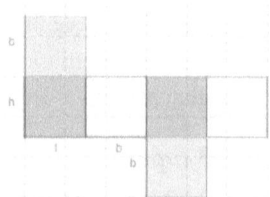

Wenn wir ein **Netz eines Würfels** zeichnen, dann haben wir sechs Quadraten, die alle die gleiche Größe haben.

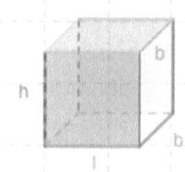

3.7 Klausur- und Übungsaufgaben

1. Ergänze die Tabelle mit dem Zeichen || oder ⊥. Trage eine 0 ein, wenn keine der beiden Eigenschaften gilt.

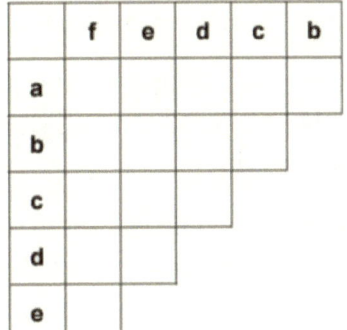
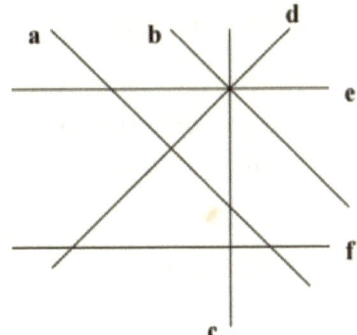

	f	e	d	c	b
a					
b					
c					
d					
e					

2. Beschrifte die Achsen des Koordinatensystems und schreibe die Koordinaten der Punkte A und B in die Felder rechts. Trage die Punkte C (3 | 2) und D (0 | 3) ins Koordinatensystem ein.

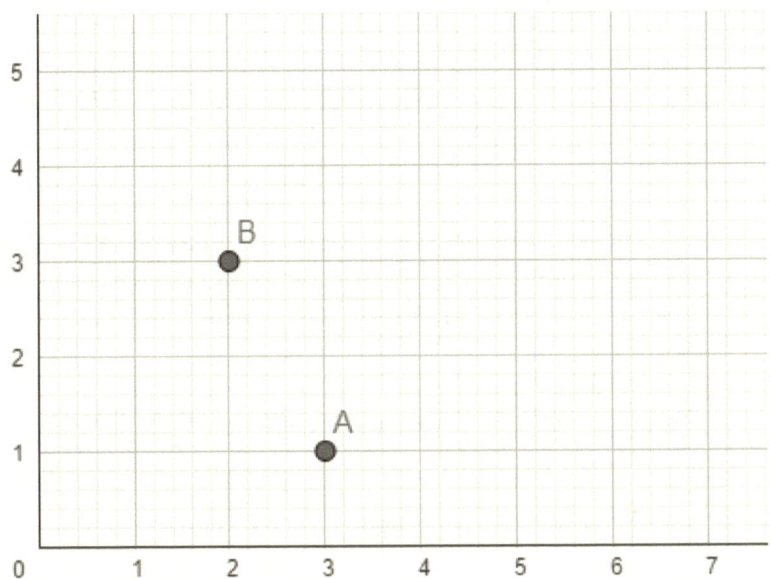

3. Zeichne in Deinem Heft das Netz eines Quaders mit den Kantenlängen 1 cm, 2 cm und 3 cm.

4. Zeichne das Schrägbild eines Quaders mit den Kantenlängen 3 cm, 4 cm und 5 cm.

5. Zeichne ein Parallelogramm mit den Seitenlängen 3 cm und 4 cm.

6. Zeichne ein Trapez mit den Seitenlängen 2 cm, 2 cm und 3 cm

7. Zeichne die Punkte A (1 | 5), B (5 | 1), C (10 | 1), D (13 | 5) und E (7 | 8) in ein Koordinatensystem mit der Einheit 1 cm und verbinde sie zum Fünfeck ABCDE. Zeichne alle Diagonalen ein!

8. Zeichne die Gerade g durch die Punkte A (3 | 0) und B (7 | 4) sowie den Punkt P (3 | 6) in ein Koordinatensystem in Dein Heft mit der Einheit 1 cm.

   a. Zeichen eine Gerade a durch P, die zu g orthogonal ist

   b. Zeichne eine Gerade b durch P, die zu g parallel ist.

   c. Bestimme den Abstand des Punktes P von der Geraden g.

9. Vier Orte werden durch zwei Landstraßen verbunden (Einheit: 1 cm = 1 km).

   a. Zeichne die Orte in ein Koordinatensystem in Dein Heft ein: Eichendorf E (4 | 4), Apfelstadt A(12 | 4), Hasenheim H(12 | 12) und Luchsbach L (4 | 12)

   b. Von Eichendorf führt eine völlig gerade Straße nach Hasenheim und von Apfelstadt eine ebenso gerade Straße nach Luchsbach. Zeichne die beiden Straßen ein. Wie verlaufen die Straßen zueinander?

   c. An welchem Punkt B kreuzen sich die beiden Straßen?

3.8 Muster-Lösungen

1. Ergänze die Tabelle mit dem Zeichen | | oder $\perp$. Trage eine 0 ein, wenn keine der beiden Eigenschaften gilt.

	f	e	d	c	b
a	0	0	$\perp$	0	||
b	0	0	$\perp$	0	
c	$\perp$	$\perp$	0		
d	0	0			
e	||				

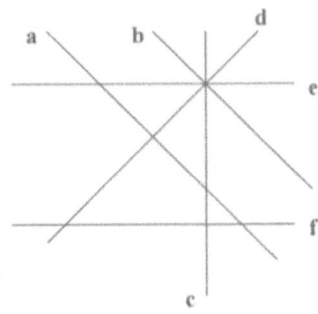

2. Beschrifte die Achsen des Koordinatensystems und schreibe die Koordinaten der Punkte A und B in die Felder rechts. Trage die Punkte C (3 |2) und D (0 |3) ins Koordinatensystem ein.

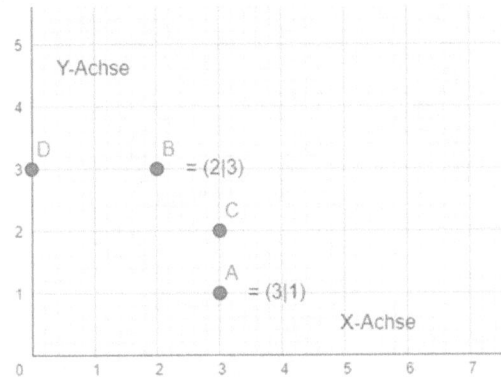

3. Zeichne in Deinem Heft das Netz eines Quaders mit den Kantenlängen 1 cm, 2 cm und 3 cm.

Anmerkung: Die Zeichnung ist nicht maßstabsgetreu!

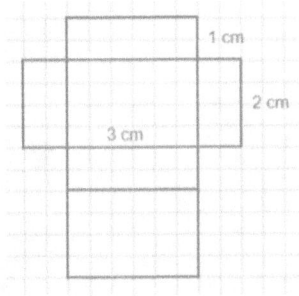

51

4. Zeichne das Schrägbild eines Quaders mit den Kantenlängen 3 cm, 4 cm und 5 cm.

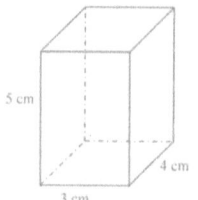

Anmerkung: Die Zeichnung ist nicht maßstabsge-treu.

5. Zeichne ein Parallelogramm mit den Seitenlängen 3 cm und 4 cm.

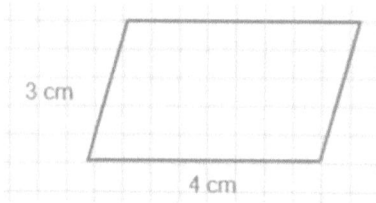

Anmerkung: Die Zeichnung ist nicht maßstabsgetreu.

6. Zeichne ein Trapez mit den Seiten-längen 2 cm, 2 cm und 3 cm

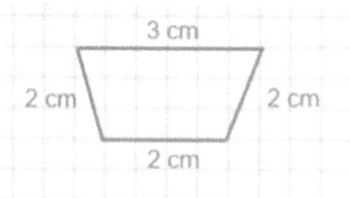

7. Zeichne die Punkte A (1|5), B (5|1), C (10|1), D (13|5) und E (7|8) in ein Koordinatensystem und verbinde sie zum Fünfeck. Zeichne alle Diagonalen ein!

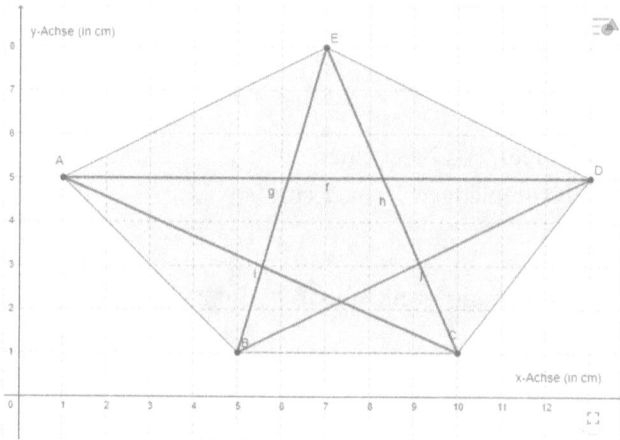

8. Zeichne die Gerade g durch die Punkte A (3|0) und B (7|4) sowie den Punkt P (3|6) in ein Koordinatensystem in Dein Heft.

    a. Zeichen eine Gerade a durch P, die zu g orthogonal ist
    b. Zeichne eine Gerade b durch P, die zu g parallel ist.
    c. Bestimme den Abstand des Punktes P von der Geraden g.

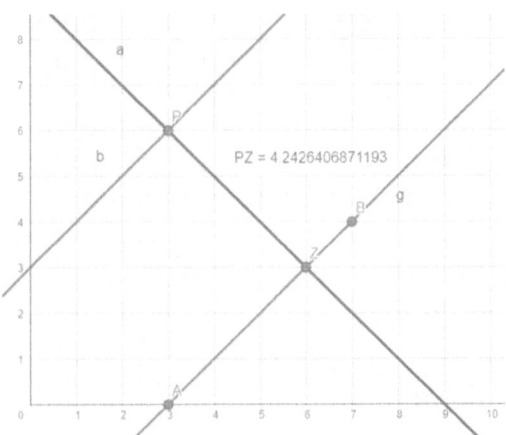

9. Vier Orte werden durch zwei Landstraßen verbunden.

    a. Zeichne die Orte in ein Koordinatensystem ein.

    b. Die Straßen verlaufen orthogonal zueinander!

    c. Der Schnittpunkt B hat die Koordinaten (8|8)

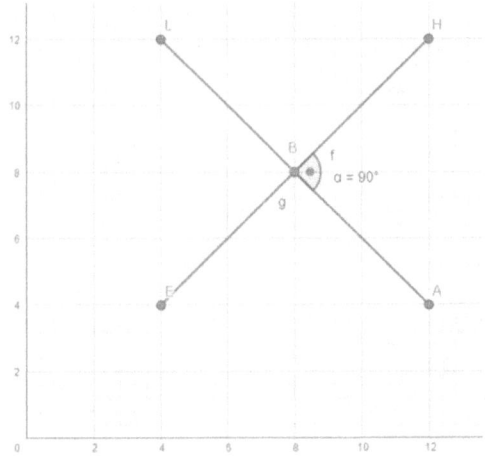

4. Flächen und Rauminhalte

4.1 Flächenvergleich und Messen von Flächeninhalten

Nun tauchen wir in die spannende Welt der Flächen und Rauminhalte ein. Stellt Euch vor, Ihr habt ein großes Blatt Papier vor Euch. Wenn Ihr darauf zeichnet oder etwas ausschneidet, dann arbeitet Ihr mit Flächen. Aber wie können wir eigentlich sagen, welche Fläche größer ist oder wie groß eine Fläche genau ist? Lasst uns das gemeinsam herausfinden!

Stellt Euch vor, Ihr und Eure Freunde haben jeder ein Bild gemalt, aber Ihr wollt wissen, wessen Bild die größere Fläche hat. Ihr könntet die Bilder nebeneinanderlegen und schauen, welches mehr Platz einnimmt. Das ist ein einfacher Flächenvergleich. Manchmal ist es aber nicht so einfach, besonders wenn die Formen kompliziert sind oder sich nicht leicht nebeneinanderlegen lassen. Dann kommen mathematische Werkzeuge und Formeln ins Spiel, um uns zu helfen.

Kann man eine Fläche so in Teilflächen zerlegen, dass man aus diesen Teilflächen eine andere Fläche zusammenlegen kann, so haben die beiden Flächen denselben Flächeninhalt! Der Flächeninhalt ist ein Maß für die Größe einer Fläche.

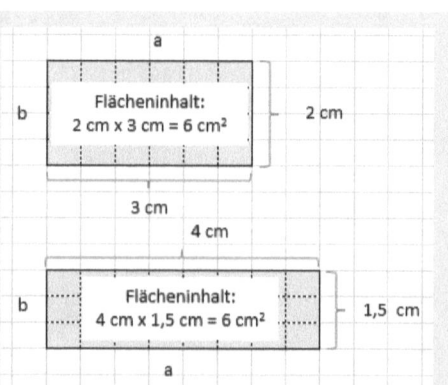

Für den Flächeninhalt eines Rechtecks mit den Seitenlängen a und b gilt:

A = a * b (Länge mal Breite)

Unter dem Umfang einer Fläche versteht man die Summe aller Seitenlängen:

U = 2 * a + 2 * b = 2 * (a + b)

Flächen mit demselben Flächeninhalt können unterschiedliche Umfänge haben.

Das 1. Rechteck einen Umfang von U = 2 * (2 + 3) = 10 cm und das 2. Einen Umfang von U = 2 * (4 + 1,5) = 11 cm.

4.2 Umwandeln in andere Einheiten

Der Flächeninhalt ist ein Maß dafür, wie viel Platz eine Fläche einnimmt. Um den Flächeninhalt zu messen, verwenden wir Einheiten wie Quadratzentimeter (cm²) für kleine Flächen oder Quadratmeter (m²) für größere Flächen. Ihr könnt Euch einen Quadratzentimeter wie ein kleines Quadrat vorstellen, das 1 cm lang und 1 cm breit ist.

Die wichtigsten Einheiten sind wie folgt:

1 Quadrat mit der Seitenlänge 1 cm hat 1 cm² Flächeninhalt

1 Quadrat mit der Seitenlänge 1 dm hat 1 dm² Flächeninhalt

1 Quadrat mit der Seitenlänge 1 m hat 1 m² Flächeninhalt

1 Quadrat mit der Seitenlänge 10 m hat 1 a (1 Ar) Flächeninhalt

1 Quadrat mit der Seitenlänge 100 m hat 1 h (1 Hektar) Flächeninhalt

1 Quadrat mit der Seitenlänge 1.000 m hat 1 km² Flächeninhalt

Manchmal, wenn wir mit Flächen arbeiten, stoßen wir auf unterschiedliche Maßeinheiten. Vielleicht ist die Fläche eines Spielplatzes in Quadratmetern (m²) angegeben, aber Ihr möchtet sie in Quadratzentimetern (cm²) wissen. Wie macht man das? Lasst uns zusammen herausfinden, wie man Flächeneinheiten umwandelt!

Umwandeln bedeutet, dass wir die Maßeinheit einer Fläche von einer Einheit in eine andere ändern. Dabei benutzen wir **Umrechnungsfaktoren**. Ein Umrechnungsfaktor ist eine Zahl, mit der wir multiplizieren oder durch die wir teilen, um von einer Einheit in eine andere zu wechseln.

In eine Fläche mit dem Inhalt 1 cm² passen 100 Quadrate mit der Seitenlänge 1 mm, das heißt mit dem Flächeninhalt 1 mm². Die Umrechnungszahl ist also 100.

Will man von einer kleineren in die nächstgrößere Flächeneinheit umrechnen, so muss man die Maßzahl durch 100 dividieren. Will man von einer größeren in die nächstkleinere Einheit umrechnen, so muss man die Maßzahl mit 100 multiplizieren.

1 cm² : 100 --> 1 mm² und 1 mm² * 100 --> 1 cm²

Zugegeben, dies sind viele Einheiten und Bezeichnungen aber mit einer Einheitentabelle könnt behaltet Ihr am besten den Durchblick.

Maßzahlen können stets auch in der Kommaschreibweise angegeben werden. Die Einheitentabelle für Flächeninhalte hilft beim Ablesen:

km²		ha		a		m²		dm²		cm²		mm²		
Z	E	Z	E	Z	E	Z	E	Z	E	Z	E	Z	E	Hier könnt Ihr ablesen:
							5	3	4					5m² 34 dm² = 5,34 m² = 534 dm²
				2	3	0	4							23 a 4 m² = 23,04 a = 2.304 m²
									2	0	0	3	2	2 dm² 32 mm² = 2,0032 mm²

4.3 Rechnen mit Flächeninhalten

Nachdem wir gelernt haben, wie man Flächen misst und Einheiten umwandelt, ist es jetzt an der Zeit, unsere Kenntnisse zu erweitern und herauszufinden, wie wir mit diesen Flächeninhalten rechnen können. Ob wir nun herausfinden möchten, wie viel Farbe wir für unser Klassenzimmer benötigen, oder ob wir wissen wollen, wie viele Fliesen für das neue Schwimmbad nötig sind – das Rechnen mit Flächeninhalten ist der Schlüssel!

Sehen wir uns des genauer an!

Beim Addieren und Subtrahieren bleibt die Maßeinheit erhalten!

Beispiele:

12 m² + 2 m² = 14 m² und 500 a -50 a =450a

Beim Vervielfachen bleibt die Maßeinheit erhalten!

Beispiele:

25 a * 3 = 75 a und 10 cm * 8 = 80 cm

Beim Dividieren unter scheiden wir 2 Fälle:

• Dividiert man 2 Flächeninhalte, erhält man als Ergebnis nur eine Zahl. Sie gibt die Anzahl dieser gleich großen Flächen an.

Beispiel: 100 m² : 25 m² = 4, d. h. ich kann die Gesamtfläche von 100 m² in 4 Teilflächen zu je 25 m² unterteilen.

• Zerlegt man 1 vorgegeben Fläche in eine bestimmt Anzahl Teilflächen, so dividiert man einen Flächeninhalt durch eine Zahl und erhält als Ergebnis einen Flächeninhalt.

Beispiel: 45 ha : 9 = 5 ha, d. h. ich kann die Gesamtfläche von 45 ha in 9 Teilflächen zu je 5 h unterteilen.

Hat man den Flächeninhalt und eine Seitenlänge eins Rechtecks gegeben und möchte die Länge der zweiten Seite berechnen, so teilt man den Flächeninhalt durch die Seitenlänge und erhält als Ergebnis eine Seitenlänge.

Beispiel:

Ein Rechteck hat den Flächeninhalt 10 cm² und eine Seitenlänge von 5 cm ist gegeben und wir wollen die andere berechnen!

A = a * b

10 cm² = 5cm * ?

10 cm² : 5 cm = 2 cm

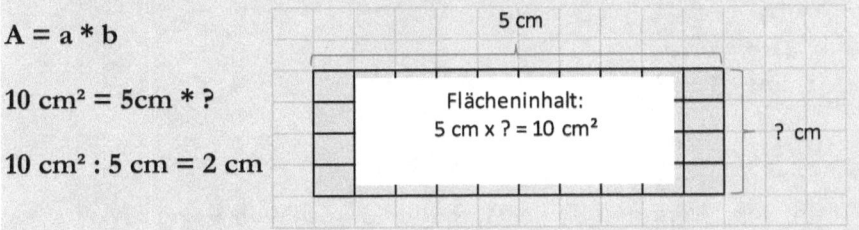

Jetzt bleibt als letzte Herausforderung noch zu beantworten, wie Ihr den Inhalt von zusammengesetzten Flächen berechnet.

Dies sehen wir uns nun an!

Berechnen des Inhalts von zusammengesetzten Flächen

● **1. Möglichkeit: Zerlegen**

Man zerlegt die Gesamtfläche so in geeignete Teilflächen, dass Rechtecke entstehen und addiert deren Flächeninhalte.

Wir bilden also im
Beispiel 2 Rechtecke,
die wir dann einfach
berechnen können:
$R_1 = 1,5 \text{ cm} * 4 \text{ cm} = 6 \text{ cm}^2$
$R_2 = 2 \text{ cm} * 1,5 \text{ cm} = 3 \text{ cm}^2$
Gesamtfläche $= 6 \text{ cm}^2 + 3 \text{ cm}^2$
$= 9 \text{ cm}^2$

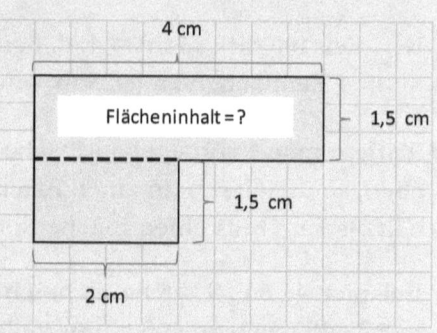

● **2. Möglichkeit: Ergänzen**

Man ergänzt die Figur so, dass ein Rechteck entsteht und subtrahiert vom Flächeninhalt dieses Rechtecks die hinzugefügten Teilflächeninhalte.

Wir ergänzen also im
Beispiel 1 Rechteck,
dessen Inhalt wir dann
einfach subtrahieren.
$R_{\text{Groß}} = 4 \text{ cm} * 3 \text{ cm} = 12 \text{ cm}^2$
$R_{\text{Ergänzt}} = 2 \text{ cm} * 1,5 \text{ cm}$
$= 3 \text{ cm}^2$
$R_{\text{Groß}} - R_{\text{Ergänzt}}$
$= 12 \text{ cm}^2 - 3 \text{ cm}^2 = 9 \text{ cm}^2$

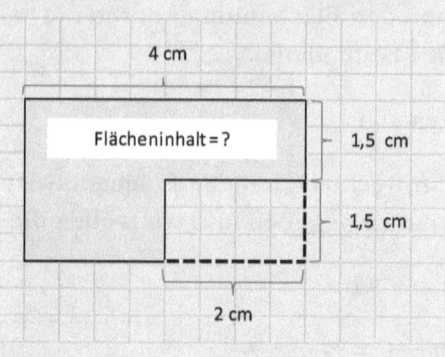

Wie Ihr seht, kommen beide Methoden zum selben Ergebnis!

4.4 Volumen und Volumenvergleich von Körpern

Nachdem wir die Welt der Flächen erkundet haben, tauchen wir jetzt tiefer in das dreidimensionale Universum ein, um das Geheimnis des Volumens zu lüften. Volumen ist wie ein magischer Zauber, der uns zeigt, wie viel Platz etwas in unserer Welt einnimmt – nicht nur auf einer flachen Ebene, sondern in alle Richtungen!

Was ist Volumen?

Stellt Euch vor, Ihr habt eine leere Schachtel. Wenn Ihr diese Schachtel mit kleinen Würfeln füllt, zählt Ihr, wie viele Würfel hineinpassen. Die Anzahl dieser Würfel zeigt Euch das Volumen der Schachtel. Volumen misst also, wie viel "Platz" oder "Raum" innerhalb eines dreidimensionalen Objekts oder Körpers vorhanden ist. Es sagt uns, wie viel Luft, Wasser oder sogar Süßigkeiten in einem Behälter oder Raum enthalten sein können.

Unter einem Volumen eines Körpers versteht man die Größe des Raumes, die der Körper einnimmt. Körper, die man in dieselben Teilkörper zerlegen kann, haben dasselbe Volumen!

Die Einheiten für Volumen sind anders als die für Flächen, weil wir über einen dreidimensionalen Raum sprechen.

Einheiten des Volumens

1 Würfel mit der Kantenlänge 1 m hat das Volumen 1 m³ (sprich: Kubikmeter)

1 Würfel mit der Kantenlänge 1 cm hat das Volumen 1 cm³

1 Würfel mit der Kantenlänge 1 dm hat das Volumen 1 dm³, ...

Das Volumen von Flüssigkeiten wird in der Regel in Litern und nicht in dm³ angegeben.

4.5 Umrechnen von Volumeneinheiten

In einen großen Würfel mit 1m Kantenlänge, also einem Volumen von 1 m³, passen 1.000 kleine Würfel mit einer Kantenlänge von 1 dm, also einem Volumen von 1 dm³.

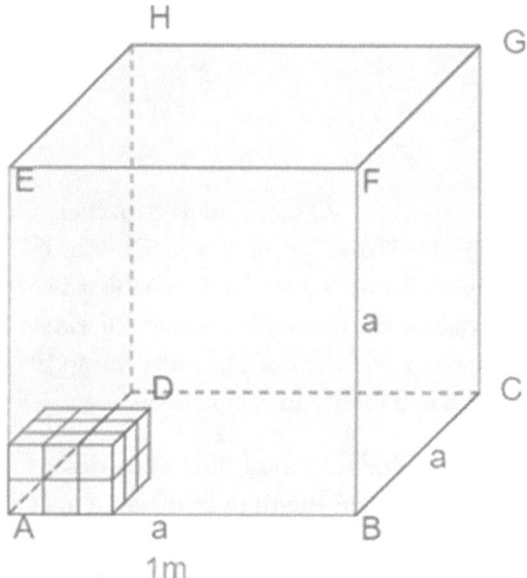

Volumeneinheiten lassen sich nach folgendem Schema ineinander umrechnen:

1 m³ : 1.000 --> 1 dm³ und 1 dm³ * 1.000 --> 1 m³

Will man von einer kleineren in die nächstgrößere Volumeneinheit umrechnen, so muss man die Maßzahl durch 1.000 dividieren. Will man von einer größeren in die nächstkleinere Einheit umrechnen, so muss man die Maßzahl mit 1.000 multiplizieren.

Am besten, Ihr nehmt wieder eine Einheitentabelle zur Hand:

m³			dm³			cm³			mm³			Hier könnt Ihr ablesen:
H	Z	E	H	Z	E	H	Z	E	H	Z	E	
		1	0	0	0	4						10 m³ 4 dm³ = 10,004 m³ = 10.004 dm³
			0	0	1	2						12 dm³ = 0,0012 m³
							2	0	0	9		2 cm³ 9 mm³ = 2,009 cm³ = 2,009 mm³

Darüber hinaus sind die nachstehenden Umrechnungen wichtig, wenn es um das Volumen geht!

1 dm³ = 1l; 1 cm³ = 1 ml, 1 dm³ = 1.000 ml

1 m³ = 1.000 l, 1 hl = 100 l

Jetzt haben wir uns mit Längen, Flächeninhalten und soeben mit Volumeneinheiten beschäftigt und da verliert man schnell den Überblick. Es gibt aber eine einfache Regel, welche Euch hilft, hier nicht durcheinander zu kommen: Ihr könnt Euch die Maßeinheiten am besten als Potenz vorstellen:

Die Umrechnungszahl zur benachbarten Einheit hat immer so viele Nullen, wie die Hochzahl der Einheit angibt.

Bei Längeneinheiten wie mm ist der Exponent 1, also benötigt Ihr nur 1 Null und die Umrechnungszahl ist 10, z. B. 1 mm : 10 = 0,1 cm

Bei Flächeneinheiten wie mm² benötigen wir 2 Nullen also ist die Umrechnungszahl hier 100, z. B. 1 mm² : 100 = 0,01 cm²

Bei Volumeneinheiten wie mm³ ist der Exponent 3 und wir benötigen 3 Nullen und die Umrechnungszahl ist 1.000, z. B. 1 mm³ : 1.000 = 0,001 cm³

Es gibt allerdings Ausnahmen wie bei der Umrechnung zwischen m³ und km³. Dort ist die Umrechnungszahl 100.000.000 weil 1 km = 1.000 m.

Das **Volumen** eines Körpers hängt von seiner **Form** ab. Sehen wir uns an, wie wir Volumen und Oberflächeninhalt von Quadern berechnen können!

Für das Volumen eines Quaders mit den Kantenlängen a, b und c gilt:

V = a * b * c (Breite * Tiefe * Höhe)

Im Beispiel

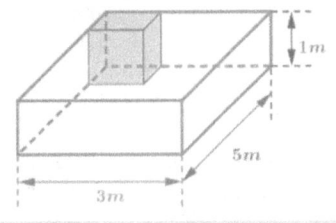

V = 3 m * 5 m * 1 m = 15 m³

In diesen Quader bekommt man

15 kleine Würfel mit der Kantenlänge von je 1 m hinein.

Das Volumen eines kleinen Würfels beträgt 1 m * 1 m * 1 m = 1 m³

Stellt Euch nun vor, Ihr habt einen Zauberwürfel in der Hand. Nicht den bunten zum Drehen, sondern einen echten Quader, wie eine Schachtel Schokolade oder ein dickes Buch. Jede Seite des Quaders ist wie ein eigenes kleines Abenteuerfeld. Wenn wir wissen möchten, wie viel Platz diese Abenteuerfelder zusammen einnehmen, sprechen wir vom Oberflächeninhalt des Quaders. Lasst uns auf eine Entdeckungsreise gehen und herausfinden, wie wir den Oberflächeninhalt von Quadern berechnen können!

Stellt Euch vor, Ihr malt jede Seite des Quaders in einer anderen Farbe an. Der Oberflächeninhalt wäre dann die gesamte Fläche, die Ihr bemalt habt.

Der Oberflächeninhalt eines Quaders ist die Summe aller Flächen, die den Quader umgeben. Man addiert hierzu die Flächeninhalte aller Flächen, die das Quadernetz bilden!

O = 2 * a * b + 2 * b * c + 2 * a * c = 2 * (a * b + a * c + b * c)

Nehmen wir wieder den Quader von oben mit a = 3 cm, b = 5 cm und c = 1 cm wobei wir hier als Maßstab 1 cm = 1 m nehmen:

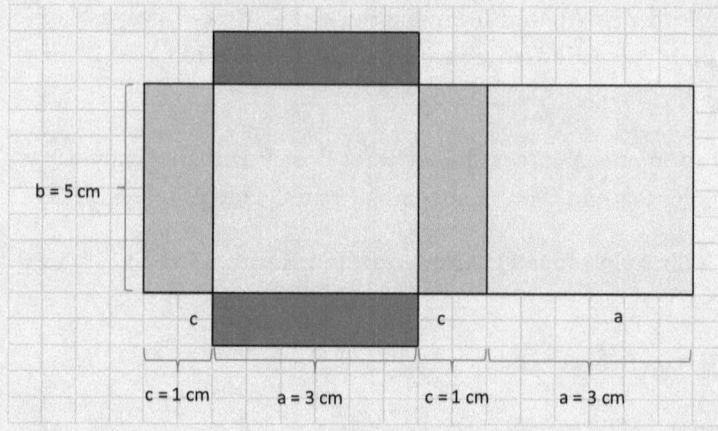

O = 2 * (3 cm * 5 cm + 3 cm * 1 cm + 5 cm * 1 cm) = 46 cm² bzw. 46 m² in Wirklichkeit.

4.6 Rechnen mit Volumeneinheiten

Nachdem wir das Geheimnis des Volumens von Körpern gelüftet haben, ist es an der Zeit, uns auf eine neue Herausforderung zu begeben: das Rechnen mit Volumeneinheiten. Stellt Euch vor, Ihr seid Kapitäne auf einem Schiff, das verschiedene Ladungen transportiert. Manchmal müssen wir wissen, wie viel Platz unsere Ladung einnimmt, oder wir möchten verschiedene Ladungen in neue Behälter umfüllen. Dafür müssen wir mit Volumeneinheiten jonglieren können. Lasst uns gemeinsam diese wichtige Fähigkeit meistern!

Addieren und Subtrahieren

Addiert und subtrahiert man Volumina, so ist das Ergebnis auch wieder ein Volumen, de Einheit bleibt also erhalten.

Wenn wir Volumina addieren oder subtrahieren, ist es wichtig, dass alle Volumina in derselben Einheit vorliegen.

Beispiel: $12 \text{ cm}^3 + 34 \text{ cm}^3 = 46 \text{ cm}^3$

Dividieren

Dividiert man das Volumen durch einen Flächeninhalt, so erhält man eine Seitenlänge, also: c = V : A.

Beispiel: $V = 24 \text{ cm}^3$, $A = 8 \text{ cm}^2$ --> $c = 24 \text{ cm}^3 : 8 \text{ cm}^2 = 3 \text{ cm}$

Dividiert man ein Volumen durch eine Seitenlänge, so erhält man einen Flächeninhalt, also: A = V : c

Beispiel: $V = 24 \text{ cm}^3$, $c = 3 \text{ cm}$ --> $A = 24 \text{ cm}^3 : 3 \text{ cm} = 8 \text{ cm}^2$

Dividiert man ein Volumen durch eine Zahl, erhält man wieder ein Volumen.

Beispiel: $V = 24 \text{ cm}^3 : 12 = 2 \text{ cm}^3$

Nun sehen wir uns an, wie man das Volumen von zusammengesetzten Körpern berechnet. Stellt Euch vor, Ihr baut mit Legosteinen ein Schloss oder eine Raumstation. Jeder einzelne Stein trägt zum gesamten Bauwerk bei. Ähnlich ist es, wenn wir das Volumen von zusammengesetzten Körpern berechnen: Wir schauen uns die einzelnen Teile an und setzen sie zusammen. Es gibt **zwei** magische **Methoden**, dies zu tun: **Zerlegen** und **Ergänzen**. Dies hatten wir ja auch schon oben beschrieben als es um die Berechnung von Inhalten von zusammengesetzten Flächen ging.

Bei der Berechnung des Volumens von zusammengesetzten Körpern funktioniert es genauso. Schaut mal!

Berechnen des Volumens zusammengesetzter Körper

● 1. Möglichkeit: Zerlegen

Beim Zerlegen nehmen wir unseren zusammengesetzten Körper und teilen ihn in kleinere Teilquader auf, deren Volumen wir leicht berechnen und addieren können. Das ist, als würdet Ihr ein großes Puzzle in kleinere, handhabbare Stücke zerlegen.

● 2. Möglichkeit: Ergänzen

Manchmal ist es einfacher, Teile hinzuzufügen, um einen einfachen Quader zu erhalten, dessen Volumen wir leicht berechnen können. Danach ziehen wir das Volumen der hinzugefügten Teile wieder ab. Das ist, als würdet Ihr ein Bild malen, indem Ihr zuerst alles übermalt und dann Details herausradiert, um das gewünschte Bild zu bekommen.

Das Berechnen des Volumens von zusammengesetzten Körpern ist wie das Lösen eines Rätsels. Mit jeder Übung werdet Ihr geschickter darin, zu entscheiden, ob Ihr zerlegen oder ergänzen solltet, und Ihr werdet immer besser verstehen, wie die Teile zusammenpassen.

4.7 Klausur- und Übungsaufgaben

1. Bestimme den Flächeninhalt und den Umfang der gezeichneten Fläche!
    Ein Kästchen ist 0,5 cm lang.

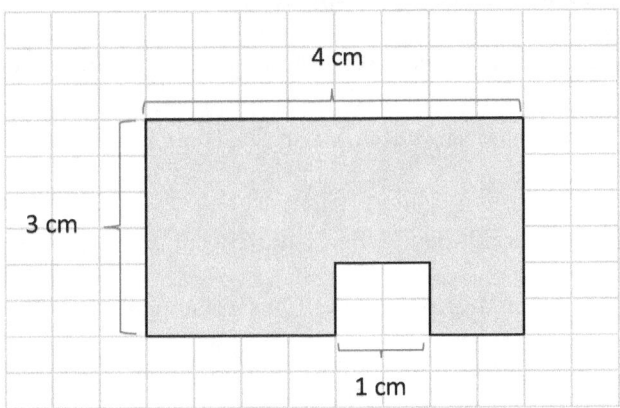

2. Gib in der Einheit an, die in der Klammer steht!

    a. 54 ha (a)

    b. 4.800 cm² (dm²)

    c. 3 km² (a)

    d. 15 ha (m²)

    e. 4 a 25 m² (m²)

    f. 5 ha + 9 a + 13 m² (m²)

    g. 5.600 m² (a)

    h. 760 cm² (dm²)

    i. 15 dm² 12 cm² (cm²)

    j. 5.400 ha (km²)

    k. 4.000 dm² (m²)

    l. 5 a 12 m² (m²)

    m. 45 ha (a)

    n. 43 cm² (mm²)

    o. 56 cm² 4 mm² (mm²)

3. Übertrage in Dein Heft und berechne die fehlenden Größen des Rechtecks:

a	14 cm		16 dm
b	18 cm	29 m	
A		319 m²	
U			9 m 8 dm

4. Herr Sommer will seinen Rasen düngen. Hierzu braucht er 25 g Dünger pro m² Rasenfläche. Sein gesamter Rasen beträgt 5 a. Den Dünger gibt es in 2 kg Packungen zu 4,90 € zu kaufen. Wie viele Packungen muss Herr Sommer kaufen und wie teuer wird dies?

5. Frau Fleißig will die sechs Türen ihrer Wohnung neu streichen. Alle Türen sind 2 m hoch und 82 cm breit. Eine Farbdose reicht für ca. 12 m². Wie viele Dosen muss sie kaufen, wenn die Türen innen und außen gestrichen werden sollen?

6. Gegeben ist ein Quader mit den Maßen 5 dm, 30 cm und 200 mm.

   a. Berechne den Oberflächeninhalt des Quaders und gib das Ergebnis in m² an!

   b. Berechne das Volumen eines Quaders und gib das Ergebnis in m³ an!

7. Wandele in die kleinere der Einheiten um!

   a. 7 ha 75a

   b. 12 a 19 m²

   c. 3 km² 50 ha

   d. 2 ha 5 a

   e. 4 m² 40 dm²

   f. 3 cm² 3 mm²

   g. 3 dm² 17 cm²

   h. 28 cm² 53 mm²

   i. 12 dm² 4 cm²

   j. 43 cm² 3 mm²

   k. 5 m² 5 dm²

   l. 7 a 2 m²

8. Schreibe mit gemischten Einheiten!

   a. 370 mm²

   b. 125 cm²

   c. 207 dm²

   d. 2.650 m²

   e. 350 ha

9. Die Seitenlängen a und b eines Rechtecks sind gegeben. Bestimme den Flächeninhalt und den Umfang!

    a. a = 12 dm, b = 9 dm   c. a = 240 cm, b = 7 dm

    b. a = 25 mm, b = 30 mm   d. a = 42 cm, b = 78 mm

10. Ein 2,5 km langer und 2 m breiter Waldweg soll befestigt werden. Die Kosten betragen 37 € pro m². Wie teuer wird die Befestigung?

11. Ein Schwimmbecken ist 1,80 m hoch, 10 m lang und 4 m breit.

    a. Wie viel hl Wasser fasst das Becken, wenn es bis zu 80 cm unter dem Rand gefüllt wird?

    b. Die Wände und der Boden sollen neu gefliest werden. Wie viel m² Fliesen müssen gekauft werden?

12. Gib die folgenden Volumenangaben in der Einheit an, die in der Klammer steht.!

    a. 320 l (ml)   d. 3,02 m³ (dm³)

    b. 42.000 cm³ (m³)   e. 0,2 l (mm³)

    c. 625.0000 mm³ (dm³)   f. 1,7 m³ (hl)

13. Ein Aquarium ist 70 cm lang und 50 cm breit. Wie hoch steht das Wasser, wenn man 70 l hineingießt?

14. Eine Sippe von 400 See-Ungeheuern hat die Nase voll von den Touristen und will ihnen eine Lehre erteilen, indem sie einen allseits beliebten Badesee austrinken. Der quaderförmige See hat die Maße: Länge 120 m, Breite 400 m, Tiefe 5 m. Jedes See-Ungeheuer kann pro Stunde 75 m³ trinken. Um 2:00 Uhr nachts beginnen die Ungeheuer mit ihrem seltsamen Streich. Schaffen sie es, den See bis 11:00 Uhr zu leeren, wenn die Touristen zum Baden kommen?

4.8 Muster-Lösungen

1. Bestimme den Flächeninhalt und den Umfang der gezeichneten Fläche!
    Ein Kästchen ist 0,5 cm lang.

    Wir wählen die Ergänzungsmethode und nehmen hier ein Quadrat mit
    der Kantenlänge 1 cm hinzu, da dies einfacher ist, als die Fläche ist ein-
    zelne Rechtecke zu zerlegen.

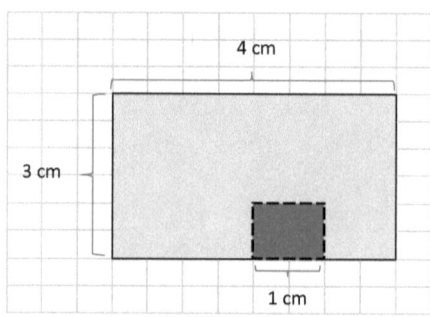

Die Gesamtfläche ist somit:

$A_{Rechteck} = 4\,cm * 3\,cm = 12\,cm^2$

Die Fläche des Quadrates ist:

$A_{Quadrat} = 1\,cm * 1\,cm = 1\,cm^2$

Jetzt ziehen wir die Fläche des ergänzten Quadrates wieder von der Gesamtfläche ab und erhalten:

$A_{Rechteck} - A_{Quadrat} = 12\,cm^2 - 1\,cm^2 = 11\,cm^2$

Der Umfang errechnet sich durch Addition aller Seiten. Wir beginnen
link und wandern im Uhrzeigersinn um die Fläche herum und erhalten:

$U = 3\,cm + 4\,cm + 3\,cm + 1\,cm + 1\,cm + 1\,cm + 1\,cm + 2cm = 16\,cm$

Ihr könnt natürlich auch zählen, wie oft eine Seite auftaucht und diese
dann mit o. ä. multiplizieren aber durch das „Herumwandern" stellt Ihr
sicher, dass Ihr keine Seite auslasst!

2. Gib in der Einheit an, die in der Klammer steht!

    a. 54 ha (a) = 5.400 a

    b. 4.800 cm² (dm²) = 48
        dm²

    c. 3 km² (a) = 30.000 a

    d. 15 ha (m²) =150.000 m²

    e. 4 a 25 m² (m²) = 425 m²

    f. 5 ha + 9 a + 13 m² (m²)
        = 50.913 m²

g.   5.600 m² (a) = 56 a

l.   5 a 12 m² (m²)= 512 m²

h.   760 cm² (dm²) = 7,6 dm²

m.   45 ha (a) = 4.500 a

i.   15 dm² 12 cm² (cm²) =
     1.512 cm²

n.   43 cm² (mm²) = 4.300
     mm²

j.   5.400 ha (km²) = 54 km²

o.   56 cm² 4 mm² (mm²) =
     5.604 mm²

k.   4.000 dm² (m²) = 40 m²

3.   Berechne die fehlenden Größen des Rechtecks:

a	14 cm	11 m	16 dm
b	18 cm	29 m	33 dm
A	252 cm²	319 m²	528 dm²
U	64 cm	80 m	9 m 8 dm

Berechnungen Spalte 1:

A = a * b = 14 cm * 18 cm = 252 cm²

U = (2 * a) + (2 * b) = (2 * 14 cm) + (2 * 18 cm) = 64 cm

Berechnungen Spalte 2:

a = A : b = 319 m² : 29 m = 11 m

U = 2 * a) + (2 * b) = (2 * 29 m) + (2 * 11 m) = 80 m

Berechnungen Spalte 3:

Dies ist jetzt schwieriger, da wir zwar einfach schreiben können, dass b = A : b ist aber wir kennen ja nur b. Also müssen wir die Formel für den Umfang nehmen. Diese lautet:

U = (2 * a) + (2 * b)

Wir kennen alle Größen bis auf b und wir müssen hier nach b umformen und den Umfang in Höhe von 9 m 8 dm in dm umwandeln, also 98 dm nehmen:

(U – 2 * a) : 2 = b

= (98 dm – 2 * 16 dm) : 2 = b

-->33 dm = b

Der Rest ist jetzt leicht:

A = a * b = 16 dm * 33 dm = 528 dm²

4. Herr Sommer will seinen Rasen düngen. Hierzu braucht er 25 g Dünger pro m² Rasenfläche. Sein gesamter Rasen beträgt 5 a. Den Dünger gibt es in 2 kg Packungen zu 4,90 € zu kaufen. Wie viele Packungen muss Herr Sommer kaufen und wie teuer wird dies?

Wir wandeln zunächst die Fläche in m² um und erhalten 5 a = 500 m²

Herr Sommer benötigt 25 g Dünger pro m², also 25 * 500 = 12.500 gr insgesamt. Dies sind 12,5 kg.

Jede Packung beinhaltet 2 kg, also benötigt Herr Sommer:

12,5 kg : 2 kg = 6, 25 Packungen. Da es aber keine Packung mit 0,25 kg gibt, muss Herr Sommer also 7 Packungen kaufen.

Dies kostet bei einem Preis von 4,90 € pro Packung also:

4,90 € * 7 = 34,30 €

5. Frau Fleißig will die sechs Türen ihrer Wohnung neu streichen. Alle Türen sind 2 m hoch und 82 cm breit. Eine Farbdose reicht für ca. 12 m². Wie viele Dosen muss sie kaufen, wenn die Türen innen und außen gestrichen werden sollen?

Die Türen sind 2 m hoch, also umgewandelt 200 cm. Die Breite beträgt 82 cm und es sind 6 Türen. Frau Fleißig möchte die Türen innen und außen streichen und hat damit 6 * 2 = 12 Türflächen zu streichen.

Eine Türfläche beträgt: A = 200 cm * 82 cm = 16.400 cm²

Pro Tür macht dies also 2 * 16.400 cm² = 32.800 cm²

Für alle 6 Türen benötigt Frau Fleißig also Farbe für

32.800 cm² * 6 = 196.800 cm² oder umgewandelt 19,68 m²

Da eine Dose Farbe für 12 m² reicht, muss Frau Fleißig bei 19,68 m² 2 Dosen Farbe kaufen.

a. Gegeben ist ein Quader mit den Maßen 5 dm, 30 cm und 200 mm.

    a. Berechne den Oberflächeninhalt des Quaders und gib das Ergebnis in m² an!

    $A = 2 * (a * b + a * c + b * c)$

    Umwandlung: 5 dm = 50 cm (a), 30 cm (b), 200 mm = 20 cm (c)

    $A = 2 * (50\ cm * 30\ cm + 50\ cm * 20\ cm + 30\ cm * 20\ cm)$

    = 6.200 cm² und umgewandelt 0,62 m²

    b. Berechne das Volumen und gib das Ergebnis in m³ an!

    $V = a * b * c$

    V = 50 cm * 30 cm * 20 cm = 30.000 cm³ und umgewandelt 0,03 m³

7. Wandele in die kleinere der Einheiten um!

a. 7 ha 75a = 775 a

b. 12 a 19 m² = 1.219 m²

c. 3 km² 50 ha = 350 ha

d. 2 ha 5 a = 205 a

e. 4 m² 40 dm² = 440 dm²

f. 3 cm² 3 mm² = 303 mm²

g. 3 dm² 17 cm² = 317 cm²

h. 28 cm² 53 mm² = 2.853 mm²

i. 12 dm² 4 cm² = 1.204 cm²

j. 43 cm² 3 mm² = 4.303 mm²

k. 5 m² 5 dm² = 505 dm²

l. 7 a 2 m² = 702 m²

8. Schreibe mit gemischten Einheiten!

   a. 3 cm² 70 mm²   d. 26 a 50 m²

   b. 1 dm² 25 cm²   e. 3 km² 50 a

   c. 2 m² 7 dm²

9. Die Seitenlängen a und b eines Rechtecks sind gegeben. Bestimme den Flächeninhalt und den Umfang!

   a. A = 108 dm²,   c. A = 168 dm²,
       U = 42 dm   U = 62 dm

   b. A = 750 mm²,   d. A = 32.760 mm²,
       U = 110 mm   U = 996 mm

10. Ein 2,5 km langer und 2 m breiter Waldweg soll befestigt werden. Die Kosten betragen 37 € pro m². Wie teuer wird die Befestigung?

    Wir rechnen zunächst die Länge in Meter um und erhalten 2,5 km = 2.500 m.

    Dann berechnen wir die zu befestigende Fläche, also 2.500 m * 2 m = 5.000 m²

    Jetzt müssen wir nur noch multiplizieren mit den Kosten, also 37 € * 5.000 = 185.000 €

11. Ein Schwimmbecken ist 1,80 m hoch, 10 m lang und 4 m breit.

    a. Wie viel hl Wasser fasst das Becken, wenn es bis zu 80 cm unter dem Rand gefüllt wird?

        Wenn das Becken 1,80 hoch ist und bis zu 80 cm unter dem Rand gefüllt wird, beträgt die Wasserhöhe also 1,80 m − 0,80 m = 1,00 m

        Wir berechnen nun das Volumen:

        V = a * b * c = 10 m * 4 m * 1 m = 40 m³

        Wir wandeln um und erhalten: 40 m³ = 40.000 l = 400 hl

b. Die Wände und der Boden sollen neu gefliest werden. Wie viel m²
Fliesen müssen gekauft werden?

Wir berechnen zunächst die Bodenfläche: A = 10 m * 4 m = 40 m²

Die eine Seitenfläche beträgt: A = 10 m * 1,80 m = 18 m²

Die andere Seitenfläche beträgt: A = 4 m * 1,80 m = 7,2 m²

Gesamtfläche: 40 m² + 2 * 18 m² + 2 * 7,2 m² = 90,4 m²

12. Gib die folgenden Volumenangaben in der Einheit an, die in der Klammer steht.!

a. 320 l = 320.000 ml

b. 42.000 cm³ = 0,042 m³

c. 625.0000 mm³ = 6,25 dm³

d. 3,02 m³ = 3.020 dm³

e. 0,2 l (mm³) = 200.000 mm³

f. 1,7 m³ = 1.700 l = 17 hl

13. Ein Aquarium ist 70 cm lang und 50 cm breit. Wie hoch steht das Wasser, wenn man 70 l hineingießt?

70 l sind 70 dm³ und 70.000cm³

Volumen = Länge * Breite * Höhe

Wir haben jetzt Länge, Breite und Volumen und müssen nach der Höhe auflösen: Höhe = Volumen : (Länge * Breite)

H = 70.000 cm³ : (70 cm * 50 cm) = 70.000 cm³ : 3.500 cm² = 20 cm

15. Eine Sippe von 400 See-Ungeheuern hat die Nase voll von den Touristen und will ihnen eine Lehre erteilen, indem sie einen allseits beliebten Badesee austrinken. Der quaderförmige See hat die Maße: Länge 120 m, Breite 400 m, Tiefe 5 m. Jedes See-Ungeheuer kann pro Stunde 75 m³ trinken. Um 2:00 Uhr nachts beginnen die Ungeheuer mit ihrem seltsamen Streich. Schaffen sie es, den See bis 11:00 Uhr zu leeren, wenn die Touristen zum Baden kommen ?

Wir berechnen zunächst, wie viel die Ungeheuer pro Stunde insgesamt trinken können:

„Trink-Volumen" = 400 Ungeheuer * 75 m³/Std. = 30.000 m³/Std.

Das Volumen des Sees ist: 120 m * 400 m * 5 m = 240.000 m³

Wir dividieren: 240.000 m³ : 30.000 m³/Std. = 8 Std.

Wenn die Ungeheuer um 2:00 Uhr nachts beginnen haben sie nach 8 Stunden, also um 10:00 Uhr den See leer gemacht. Sie schaffen es also bis 11:00 Uhr und dürfen sich sogar um eine Stunde verspäten!

5. Brüche – Anteile

Willkommen beim großen Finale unseres Mathematik-Sprints! Wir haben zusammmen im Sprinttempo viele mathematische Hürden gemeistert, und nun haben wir die Ziellinie vor Augen und unser letztes Kapitel steht an: **Brüche**. Aber keine Sorge, mit Spaß und einigen Tricks werden wir auch dieses Thema spielerisch und im „Vorbeilaufen" meistern.

5.1 Einführung in die Brüche

Stellt Euch vor, Ihr habt eine leckere Schokoladentafel, die in 8 gleich große Stücke geteilt ist, und Ihr möchtet nur einen Teil davon essen oder mit Euren Freunden teilen. Wenn Ihr ein Stück esst, habt Ihr 1 von 8 Teilen genossen. Das schreiben wir als Bruch: 1/8. Ein Bruch zeigt uns, wie ein Ganzes in Teile geteilt wird und wie viele dieser Teile wir betrachten.

Brüche kann man verwenden, wenn man...

- einen Anteil von einem Ganzen beschreibt, z. B. ein Viertel einer Pizza,

- etwas aufteilt, z. B. 1 Schokolade wird an 8 Freunde verteilt,

- Maßzahlen in Größenangaben benutzt, z. B. 2/3 Liter Milch abfüllen möchte,

- ein Verhältnis angibt, z. B. das Mischverhältnis von Wasser und einem Reinigungskonzentrat ist 2:1,

- einen Quotienten aufschreibt, z. B. $2 : 7 = \frac{2}{7}$,

Ein Bruch besteht aus Zähler, Bruchstrich und Nenner:

- Der Nenner steht unter dem Bruchstrich und gibt an, in wie viele gleich große Teile ein Ganzes aufgeteilt wird. Er darf nie Null sein.

- Der Zähler gibt an, wie viele solcher Teile wir haben.

- Der Bruch gibt den Anteil des Teilstücks am Ganzen an.

Ihr werdet sehen, Brüche sind nicht nur nützlich, sondern auch spannend. Beim Pizzaessen, wenn Ihr Euch eine Pizza mit Freunden teilt, benutzt Ihr Brüche, um fair zu teilen. Beim Sport, wenn ein Fußball-Spiel in 2 Halbzeiten zu je 45 Minuten geteilt ist, und sogar in der Musik, wenn Noten unterschiedliche Teile eines Taktes ausfüllen.

5.2 Unechte Brüche

Nachdem wir in die faszinierende Welt der Brüche eingetaucht sind ist es Zeit, uns mit einer speziellen Art von Brüchen zu beschäftigen: den **unechten Brüchen**. Aber keine Sorge, trotz ihres Namens sind sie nicht weniger wertvoll oder interessant als ihre Geschwister, die echten Brüche. Tatsächlich eröffnen sie uns ganz neue Perspektiven!

Was sind unechte Brüche?

Stellt Euch vor, Ihr habt mehr Pizzastücke, als Ihr für eine ganze Pizza braucht, z. B. 6, aber eine ganze Pizza besteht nur aus 4 Stücken. Wenn Ihr dies als Bruch ausdrücken wollt, habt Ihr einen **Bruch, der größer als 1** ist, weil Ihr mehr als ein Ganzes habt. Dies nennt man einen unechten Bruch. In unserem Beispiel wäre das 6/4.

Wenn bei einem Bruch der Zähler größer oder gleich dem Nenner ist, heißt der Bruch unechter Bruch.

Brüche, deren Wert größer als 1 ist, kann man auch in der gemischten Schreibweise notieren:

Der Bruch $\frac{3}{2}$ lässt sich als $1\frac{1}{2}$ schreiben, denn $\frac{3}{2} = 1 + \frac{1}{2} = 1\frac{1}{2}$

Wenn man von der gemischten Schreibweise in einen unechten Bruch umwandelt möchte, dann multipliziert man stets den Nenner mit der Zahl vor dem Bruch und addiert den Zähler, um den neuen Zähler zu erhalten. Der Nenner bleibt. Bleispiel:

$$3\frac{8}{7} \dashrightarrow (7 * 3) + 8 = 29 \dashrightarrow \frac{29}{7}, \text{ also ist } 3\frac{8}{7} = \frac{29}{7}$$

Zur Umwandlung von einem unechten Bruch in die gemischte Schreibweise teilt man zunächst den Zähler durch den Nenner. Die ganze Zahl, die dabei herauskommt, ist Euer ganzer Teil, was vor den Bruchstrich kommt. Was übrig bleibt, bildet den Bruchteil Eurer gemischten Zahl. Nehmt zum Beispiel den gemischten Bruch $\frac{10}{8}$

- Teilt zunächst den Zähler durch den Nenner: 10 geteilt durch 8 ergibt 1 Rest 2

- Schreibt die ganze Zahl auf: Das ist die 1. Sie kommt vor den Bruch!

- Der Rest, also 2, wird zum neuen Zähler des Bruchteils, also haben wir $\frac{2}{8}$

- Insgesamt erhalten wir: $\frac{10}{8} = 1\frac{2}{8}$

Unechte Brüche und ihre Umwandlung in gemischte Zahlen sind besonders nützlich, wenn Ihr mit realen Mengen arbeitet. Sie helfen Euch, schnell zu sehen, wie viele ganze Einheiten Ihr habt und wie viel noch dazu kommt. Das kann beim Backen, beim Messen von Distanzen oder beim Berechnen von Material für ein Kunstprojekt sehr praktisch sein.

5.3 Bruch als Quotient natürlicher Zahlen

Ein Bruch kann als das Ergebnis der Division zweier natürlicher Zahlen angesehen werden. Das bedeutet, wenn Ihr eine Zahl durch eine andere teilt, könnt Ihr das Ergebnis als Bruch darstellen. Nehmen wir das Beispiel von 3 geteilt durch 4. Anstatt zu sagen, dass es nicht aufgeht oder kompliziert ist, verwenden wir einfach einen Bruch: $\frac{3}{4}$.

Den Quotienten von zwei natürlichen Zahlen kann man wie gesehen als Bruch schreiben:

$$5:2 = \frac{5}{2} = 2\frac{1}{2} = 3{,}5$$

Auch Quotienten mit dem Divisor 1 wie 3:1 oder 0 wie 0:4 kann man als Bruch schreiben:

$$3:1 = \frac{3}{1} \text{ bzw. } 0:4 = \frac{0}{4} = 0$$

Brüche als Quotienten natürlicher Zahlen zu verstehen, öffnet uns die Augen dafür, wie Mathematik in unserer Welt funktioniert. Es zeigt uns, dass Brüche und Division eng miteinander verbunden sind und dass Mathematik ein nützliches Werkzeug ist, um Probleme zu lösen und die Welt um uns herum zu verstehen.

5.4 Brüche mit gleichem Wert - Erweitern und Kürzen

Stellt Euch vor, Ihr habt drei Freunde zum Pizzaessen eingeladen und eine extra große Pizza bestellt, die Ihr in vier gleich große Stücke teilt.

Aber Eure Freunde bringen wider Erwarten noch vier Personen mit. Ihr seid nun zu Acht und halbiert daher

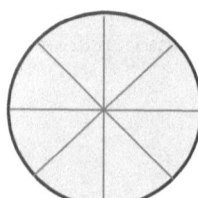

jedes Viertel noch einmal. Durch dieses weitere Teilen kann die Unterteilung verfeinert werden. Ihr erhaltet dadurch zwar – leider – nicht mehr Pizza, aber mehr Stücke, nämlich 8, die nun allerdings kleiner sind. Man nennt dieses Verfeinern der Aufteilung **Erweitern des Bruchs**.

Ein Bruch wird erweitert, indem man Zähler und Nenner mit der gleichen natürlichen Zahl (ungleich = oder 1) multipliziert. Dabei ändert sich der Wert des Bruches nicht!

Nehmen wir das Pizza-Beispiel von oben: 1 Pizza wird zunächst in 4 Stücke unterteilt: $\frac{1}{4}$

Nachdem Ihr plötzlich zu 8 seid, halbiert Ihr die Viertel-Stücke. Ihr könnt den Anteil eines Viertel-Stücks damit auch mit dem Bruch $\frac{2}{8}$ angeben. Ihr habt das Viertel-Stück um 2 erweitert. Dies bedeutet, dass Zähler und Nenner mit 2 multipliziert werden. Die Brüche $\frac{1}{4}$ und

$\frac{2}{8}$ beschreiben also den gleichen Anteil, d. h.

$$\frac{1}{4} = \frac{2}{8}$$

Anstatt eine Unterteilung immer weiter zu verfeinern, kann man eine feine Unterteilung auch „vergröbern". Dieses „Vergröbern" der Unterteilung nennt man **Kürzen des Bruchs.**

Kürzen ist das Gegenteil von Erweitern. Hier teilen wir Zähler und Nenner durch dieselbe natürliche Zahl (ungleich 0 oder 1), um den Bruch zu vereinfachen. Es ist, als würden wir die Anzahl der Teile, in die wir unser Kuchenstück geteilt haben, reduzieren, aber das Stück bleibt immer noch gleich groß.

Nehmen wir dieser das Pizza-Beispiel: Eine Gruppe von Freunden hat $\frac{4}{8}$ der Pizza. Wenn wir zum kürzen jeweils Zähler und Nenner durch 4 dividieren erhalten wir: (4:4) für den Zähler und 8:4 für den Nenner. Als Ergebnis erhalten wir den Bruch $\frac{1}{2}$. $\frac{4}{8} = \frac{1}{2}$. Dies zeigt also, dass die Gruppe von Freunden genau die Hälfte der ganzen Pizza hat, oder eben $\frac{4}{8}$.

Das Kürzen macht das Erweitern des Bruches wieder rückgängig:

$$\frac{1}{4} \xrightarrow{\text{Erweitern mit 2}} \frac{2}{8}$$
$$\xleftarrow[\text{Kürzen durch 2}]{}$$

Das Erweitern und Kürzen von Brüchen ermöglicht es uns, mit ihnen flexibler zu arbeiten. Beim Lösen von Matheaufgaben, insbesondere wenn wir Brüche addieren, subtrahieren, multiplizieren oder dividieren, erleichtert es oft die Arbeit, wenn die Brüche denselben Nenner haben oder so einfach wie möglich sind. Außerdem hilft es uns, Brüche besser zu vergleichen und zu sehen, ob sie den gleichen Wert haben.

5.5 Anteile bei beliebigen Größen

Nachdem wir gelernt haben, wie wir mit Brüchen umgehen, sie erweitern und kürzen können, ist es an der Zeit, einen Schritt weiter zu gehen. Wir werden uns jetzt anschauen, wie wir Anteile bei beliebigen Größen bestimmen können. Dieses Wissen ist wie eine geheime Zutat in Euren mathematischen Abenteuern, die Euch hilft, die Welt um Euch herum noch besser zu verstehen.

Ein Anteil ist ein Teil von etwas Ganzem. Wenn wir über Anteile in der Mathematik sprechen, meinen wir damit, wie viel von etwas wir im Verhältnis zum Ganzen haben. Dies kann sich auf alles Mögliche beziehen: Zeit, Geld, Mengen von Zutaten beim Kochen oder die Anzahl der gewonnenen Spiele in einer Sportliga.

Beliebige Größen können Gewichte, Längen, Volumen, Geldbeträge und mehr sein. Die gute Nachricht ist, dass wir die Konzepte der Brüche nutzen können, um Anteile auch bei diesen Größen zu bestimmen.

Wenn es um Anteile geht, hat man es meist mit einer von drei Grundfragen zu tun: der Frage nach einem Teil, dem Anteil oder dem Ganzen.

Beispiel:

Die Klasse 5c unternahm eine Fahrradtour von insgesamt 20km. Nach $\frac{1}{2}$ des Weges machten sie eine kleine Pause. Dies war nach 10 km.

Von den drei Angaben hätten zwei gereicht, um die dritte zu bestimmen. Die drei Fragen lauten:

- **Nach welcher Strecke war die Pause, wenn bereits $\frac{1}{2}$ von 20 km zurückgelegt wurden?**

- **Es wurden bis zur Pause bereits 10 km von 20 km zurückgelegt. Welcher Anteil ist das?**

- **Nach 10 km waren bereits $\frac{1}{2}$ des Weges geschafft. Wie lang war die gesamte Fahrradtour?**

Um Anteile bei beliebigen Größen zu berechnen, müsst Ihr zuerst das Ganze in Einheiten unterteilen, die Ihr messen könnt. Dann bestimmt Ihr, wie viele dieser Einheiten Ihr habt oder braucht.

Brüche dienen wie gesehen auch zur Angabe von Rechenanweisungen. Die Rechenanweisung „davon $\frac{3}{4}$ " bedeutet:

Dividiere eine Größe durch 4 und multipliziere dann das Ergebnis mit 3. Du erhältst einen Teil der Größe.

Beispiel

Das Ganze, z. B. der Umfang dieses innovativen Kurzlernbuchs, beträgt 100 Seiten.

$\frac{1}{4}$ **des Ganzen beträgt: 100 Seiten : 4, also 25 Seiten**

$\frac{3}{4}$ **des Ganzen beträgt: (100 Seiten : 4) * 3 = 75 Seiten**

Da Du mittlerweile bei Deinem Mathe-Sprint schon auf Seite 81 angekommen bist, hast Du mehr als $\frac{3}{4}$ des Buches geschafft: Kudos!

5.6 Anteile in Prozent angeben

Prozente sind praktisch, weil sie uns eine einheitliche Möglichkeit geben, Anteile zu vergleichen. Ob es sich um eine Pizza, eine Schulklasse oder eine Umfrage handelt, Prozente geben uns eine klare Vorstellung davon, wie groß der Anteil von etwas im Verhältnis zum Ganzen ist.

Aber was bedeutet eigentlich „Prozent"?

Das Wort „Prozent" kommt aus dem Lateinischen und bedeutet „pro hundert".

Wenn wir also von Prozenten sprechen, teilen wir etwas in 100 gleich große Teile. Stellt Euch vor, Ihr zerlegt eine Tafel Schokolade nicht nur in 8 oder

10 Stücke, sondern in 100 kleine Stückchen. Wenn Ihr dann 25 dieser Stückchen esst, habt Ihr 25 von 100 Teilen gegessen, oder einfacher: 25 Prozent der Tafel Schokolade oder auch ein Viertel!

Man kann Anteile also immer auch in Prozent angeben.

1 Prozent bedeutet: 1 Hundertstel: $1\% = \dfrac{1}{100}$

1 Prozent dieses kompakten und leicht geschriebenen Lehrbuches sind 1 Seite.

Dies kann man auch graphisch anschaulich darstellen:

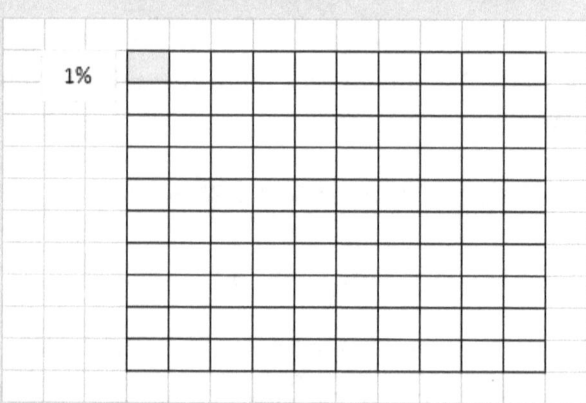

82 Prozent bedeutet: 82 Hundertstel: $82\% = \dfrac{82}{100}$

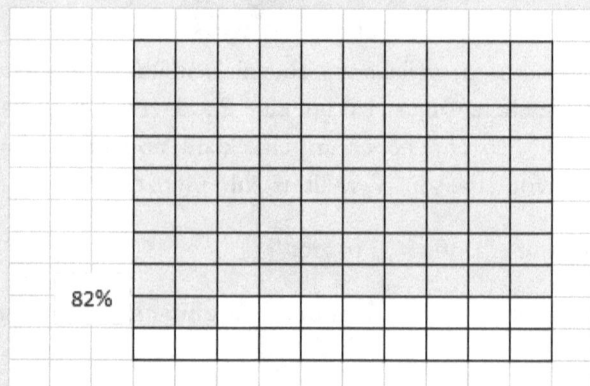

So weit seid Ihr jetzt schon bei Eurem Mathe-Sprint gekommen!

Umwandlung von Brüchen in Prozent

Die Umwandlung von Brüchen in Prozent ist wie das Übersetzen einer Sprache in eine andere. Ihr nehmt den Bruch, den Ihr habt, und verwandelt ihn so, dass er als Teil von 100 ausgedrückt wird.

Das Verfahren ist wie folgt:

Bruch in eine Dezimalzahl umwandeln:

Teilt den Zähler durch den Nenner.

Beispiel: Aus $\frac{1}{4}$ wird durch Division 1:4 = 0,25.

Dezimalzahl in Prozent umwandeln:

Multipliziert die Dezimalzahl mit 100 und fügt das Prozentzeichen (%) hinzu.

Beispiel: Aus 0,75 wird durch Multiplikation mit 100 der Wert 75%. A leichtesten ist es, das Komma um die Anzahl der Nullen nach rechts zu verschieben, also um zwei Stellen.

Prozente begegnen uns überall: beim Shoppen, wenn es Rabatte gibt („30% auf alle Jeans!"), in der Schule, wenn Eure Testergebnisse als Prozentwert angegeben werden, oder sogar beim Sport, wenn von Trefferquoten die Rede ist. Prozente machen es einfach, auf einen Blick zu sehen, wie viel oder wie wenig von etwas vorhanden ist.

5.7 Mischungs- und Teilverhältnisse

Bevor wir uns den letzten Übungsaufgaben zuwenden, sprinten wir schnell noch durch die spannende Welt der Mischungs- und Teilverhältnisse.

Stellt Euch vor, Ihr seid junge Alchemisten, die Zutaten für Zaubertränke mischen. Das Verhältnis, in dem Ihr die Zutaten zusammenfügt, entscheidet darüber, ob der Trank Euch unsichtbar macht oder Euch die Fähigkeit gibt, mit Tieren zu sprechen. Ähnlich ist es bei den Mischungs- und Teilver-hältnissen in der Mathematik. Sie beschreiben, wie verschiedene Dinge mit-einander kombiniert werden, um ein bestimmtes Ergebnis zu erzielen.

Einen Quotienten a : B (sprich „a zu b") kann man zum Vergleichen zweier gleichartiger Größen bilden. Man drückt damit aus: Wie viel Mal so groß wie b ist a?

Man nennt diesen Quotienten das Verhältnis der Größen.

Das Verhältnis a : b kann man auch als Bruch $\frac{a}{b}$ angeben.

Beispiel:

5 Teile Wasser werden mit 2 Teilen Brause-Sirup gemischt. Das Ver-hältnis Wasser zu Brause-Sirup ist 5:2.

Der Wasser-Anteil an der Gesamtmenge beträgt $\frac{5}{7}$ und der Brause-Si-rup-Anteil beträgt $\frac{2}{7}$.

Teilverhältnisse zeigen uns, wie ein Ganzes in Teile aufgeteilt wird. Sie beschreiben, wie groß ein Teil im Vergleich zu einem anderen ist.

Es ist, als würdet Ihr Eure Lieblingssüßigkeiten mit Freunden teilen und ge-nau bestimmen, wer wie viele bekommt, damit es fair ist.

Stellt Euch vor, Ihr habt eine Tüte mit 30 köstlichen Lollis und möchtet diese mit einer Freundin und einem Freud teilen. Aber Ihr wollt die Lollis nicht einfach gleich aufteilen, sondern nach einem bestimmten Verhältnis, das fair erscheint. Dieses Verhältnis basiert darauf, wer wie viel zu einer Gruppenarbeit für die Schule beigetragen hat. Dabei ging es darum, ein be-rühmtes Gebäude wie z. B. den Eifelturm aus beliebigen Materialien zu bas-teln. Ihr entscheidet Euch für ein Teilungsverhältnis von 3:2:1, weil die Gruppe einig ist, dass Du mit der Idee den größten Beitrag geleistet hast, das Besorgen des Materials durch Deine Mitschülerin den zweitgrößten und die Hilfe beim Aufbau durch Deinen Mitschüler den kleinsten.

Wie kann jetzt das Teilungsverhältnis bestimmt werden?

Teilungsverhältnisse werden grundsätzlich wie folgt bestimmt:

● **Zuerst addiert Ihr die Teile des Verhältnisses, um die Gesamtzahl der Teile zu finden, die Ihr aufteilt.**

● **Dann bestimmt Ihr den Wert eines Teils, indem Ihr die Gesamtmenge nehmt und durch die Anzahl der soeben bestimmten Teile dividiert.**

Wir machen dies an unserem Beispiel mit den Lollis:

● **Bestimmt das Gesamtverhältnis**: Das Verhältnis von 3:2:1 summiert sich zu: 3 + 2 + 1 = 6 Teile.

Das bedeutet, die gesamte Tüte mit den 30 Lollis wird in 6 Teile geteilt.

● **Berechnet die Größe eines Teils**: Um die Größe eines Teils zu berechnen, teilt Ihr die Gesamtanzahl der Lollis (30) durch die Summe des Verhältnisses (6).

Jeder Teil entspricht also: 30 Lollis :6 = 5 Lollis pro Teil.

● **Teilt die Gesamtmenge entsprechend des Teilungsverhältnisses auf**: Gemäß dem Verhältnis 3:2:1 bekommst Du aufgrund Deiner tollen Idee 3 Teile, also 3 Teile * 5 Lollis pro Teil = 15 Lollis.

Du hast damit 15 Lollis von 30 Lollis bekommen, also $\frac{15}{30}$ oder 50%.

Die Freundin, die das Material besorgt hat erhält 2 Teile und damit 2 Teile * 5 Lollis pro Teil = 10 Lollis. Sie bekommt also $\frac{10}{30}$ bzw. gekürzt $\frac{1}{3}$ der Gesamtmenge.

Dein Freund, der beim Aufbau geholfen hat, bekommt 1 Teil, also 1 Teil * 5 Lollis = 5 Lollis und damit $\frac{5}{30}$ bzw. gekürzt $\frac{1}{6}$.

Wir sind jetzt am Ende unseres gemeinsamen Sprints durch die Welt der Mathematik der 5. Klasse angekommen. Ihr seid schnell und mutig durch die einzelnen Kapitel gelaufen und dabei über natürliche Zahlen gesprungen, habt mit Brüchen jongliert und Euch durch geometrische Formen navigiert. Ihr habt gesehen, wie wir Anteile in der realen Welt anwenden, und habt die magische Kunst des Erweiterns und Kürzens von Brüchen gemeistert. Mit jedem Schritt auf diesem Weg habt Ihr Euer mathematisches Werkzeug erweitert und seid nun besser denn je ausgerüstet, um die Herausforderungen der Mathematik in der Schule und darüber hinaus zu meistern.

Dieses Buch war wie ein Sprint – schnell und zielgerichtet auf das Wesentliche konzentriert. Aber erinnert Euch, dass Lernen auch eine Langstrecke ist. Jeder Tag bietet neue Gelegenheiten, Euer Wissen zu vertiefen und zu erweitern. Die Mathematik ist ein lebendiges Feld, voller Rätsel, die darauf warten, von Euch gelöst zu werden, und voller Geschichten, die Ihr durch Eure Entdeckungen weiterschreiben könnt.

Bevor Ihr Euch den Übungsaufgaben stellt, möchten wir Euch noch einmal daran erinnern, dass Mathematik nicht nur Zahlen und Formeln ist. Es ist eine Sprache, die uns hilft, die Welt zu verstehen, eine Brücke, die uns mit vergangenen und zukünftigen Generationen verbindet, und ein Werkzeug, das uns befähigt, kreativ zu denken und Probleme zu lösen.

Wir sind stolz auf jeden Schritt, den Ihr gemacht habt, und wir freuen uns darauf, zu hören, wie Ihr Euer mathematisches Wissen in der Zukunft anwendet.

Denkt daran, dass jede Herausforderung eine Chance ist zu wachsen, und dass jeder Fehler Euch einen Schritt näher an die Lösung bringt.

Nun seid Ihr bereit für die letzten Übungsaufgaben dieses Buches. Geht sie mit Neugier und Selbstvertrauen an. Wir sind überzeugt, dass Ihr nicht nur dabei, sondern auch bei Euren Klassenarbeiten und Tests besser abschneiden werdet. Dabei wünschen wir Euch von Herzen viel Erfolg!

Auf Euch warten noch viele mathematische Abenteuer. Bleibt neugierig, bleibt enthusiastisch und vor allem: Bleibt #wissenshungrig!

Gewonnen und Ziel erreicht!

5.8 Klausur- und Übungsaufgaben

1. Welcher Anteil der jeweiligen Figur ist gefärbt? Verwende die Bruchschreibweise und kürze, wenn möglich.

a.

b.

c.

d.

2. Übertrage in Dein Heft und färbe vom Rechteck:

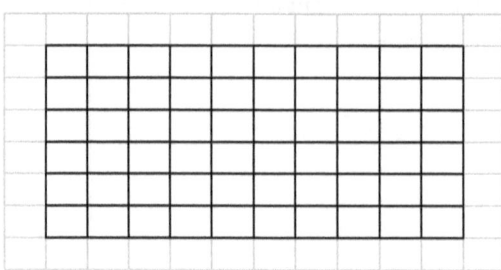

a. $\dfrac{3}{4}$ d. $\dfrac{5}{6}$

b. $\dfrac{1}{3}$ e. $\dfrac{1}{1}$

c. $\dfrac{2}{3}$ f. 20%

3. Berechne die Anteile an den folgenden Größen:

a. $\dfrac{1}{4}$ von 8 km   c. $\dfrac{7}{8}$ von 1.000 €

b. $\dfrac{2}{5}$ von 10 kg

4. Welcher Anteil an einer Stunde ist zwischen 8:30 Uhr und 8:50 Uhr vergangen?

5. Notiere die Brüche als natürliche Zahl oder in gemischter Schreibweise:

a. $\dfrac{35}{11}$ e. $\dfrac{181}{25}$

b. $\dfrac{48}{12}$ f. $\dfrac{135}{50}$

c. $\dfrac{76}{15}$ g. $\dfrac{349}{100}$

d. $\dfrac{120}{60}$

6. Schreibe als unechten Bruch:

a. $9\dfrac{1}{2}$ b. $4\dfrac{2}{3}$

c. $5\frac{3}{4}$

h. $3\frac{7}{12}$

d. $2\frac{3}{5}$

i. $7\frac{18}{100}$

e. $7\frac{1}{6}$

j. $5\frac{2}{13}$

f. $6\frac{5}{8}$

k. $11\frac{1}{4}$

g. $8\frac{9}{10}$

7. Wandle in einen Bruch mit dem Nenner 1.000 um:

a. $\frac{5}{4}$

e. $\frac{41}{200}$

b. $\frac{11}{25}$

f. $\frac{9}{50}$

c. $\frac{9}{8}$

g. $\frac{13}{250}$

d. $\frac{11}{125}$

h. $\frac{27}{75}$

8. Von 36 Schülerinnen und Schüler der 5a kommen $\frac{5}{12}$ zu Fuß, $\frac{2}{6}$ mit dem Fahrrad und $\frac{1}{4}$ mit dem Bus zur Schule.

a. Wie viele Kinder gehen zu Fuß?

b. Wie viele Kinder fahren mit dem Fahrrad?

c. Wie viele Kinder nehmen den Bus?

9. Marcus will sich ein Fahrrad für 450 Euro kaufen. Er hat schon 270 Euro gespart. Welchen Anteil des Preises muss er noch sparen?

10. Schreibe als Hundertstelbruch. Kürze dann soweit wie möglich:

a. 2%

c. 17%

b. 5%

d. 24%

e. 36%   h. 125%

f. 25%   i. 65%

g. 75%   j. 85%

11. Peter behauptet, dass $\frac{7}{8}$ größer ist als $\frac{8}{9}$. Überprüfe, ob die Aussage richtig ist, ohne die Brüche zu erweitern. Schreibe als Begründung einen zusammenhängenden Text.

12. Kürze soweit wie möglich:

    a. $\frac{6}{12}$ d. $\frac{2}{6}$

    b. $\frac{5}{10}$ e. $\frac{8}{24}$

    c. $\frac{6}{18}$

13. Katrin muss morgens auf dem Weg zur Schule die ersten 100 m zu Fuß gehen und kann dann den restlichen Weg mit dem Bus fahren. Die beiden Teilstrecken stehen im Verhältnis 1:60. Wie lang ist ihr gesamter Schulweg?

14. Gib den Bruch in der Prozentschreibweise an:

    a. $\frac{15}{20}$ c. $\frac{48}{240}$

    b. $\frac{16}{40}$ d. $\frac{37}{20}$

15. In der Sonnenschule wurden zu diesem Schuljahr deutlich mehr Mädchen als Jungen angemeldet. Um diese auf die Klassen zu verteilen, beschließt die Schulleitung, dass das Verhältnis Mädchen : Jungen in jeder neuen Klasse 2:1 betragen soll. Wie viele Mädchen und wie viele Jungen sind in der Klasse 5a, wenn dort insgesamt 21 Kinder lernen?

16. Der Kinofilm „Die Rückkehr des schwarzen Vogels" dauert 160 Minuten. Aufgrund von einigen Szenen, die nicht allen Kindern unter 16 zugemutet werden können, entsteht eine gekürzte TV-Fassung mit 144

Minuten. Berechne, welcher Anteil des Originalfilms herausgeschnitten worden ist.

17. Peter möchte sich neue Sneaker für 120 EUR kaufen. Er hat schon $\frac{7}{10}$.des Preises gespart.

    a.   Berechne, wie viel Geld ihm noch fehlt!

    b.   Seine Oma schenkt ihm zum Geburtstag so viel Geld, dass er dann $\frac{4}{5}$ des Gesamtpreises hat. Berechne, welchen Anteil des Gesamtpreises er von seiner Oma geschenkt bekommt.

18. Wandle in die angegebene Einheit um:

    a.   0,347 m = ? cm   b.   45.934 m = ? km

19. Ein Quader hat die Maße 4 m, 5 m und 16 m.

    a.   Berechne sein Volumen und seinen Oberflächeninhalt.

    b.   Ein anderer Quader mit gleichem Volumen hat eine quadratische Grundfläche mit der Seitenlänge 8 m. Berechne für diesen Quader seine Höhe!

5.9 Muster-Lösungen

1. Welcher Anteil der jeweiligen Figur ist gefärbt? Verwende die Bruchschreibweise und kürze, wenn möglich.

 a. Es sind insgesamt 9 Kästchen, davon sind 5 eingefärbt, also 5 von 9, also $\frac{5}{9}$

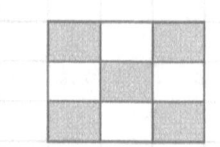

 b. Es sind insgesamt 7 Kästchen * 9 Kästchen = 63 Kästchen. Davon sind 12 eingefärbt, also $\frac{12}{63}$ oder gekürzt mit 3: $\frac{4}{21}$

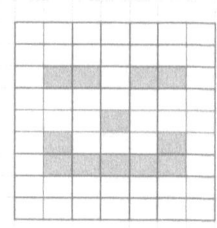

 c. Es gibt 27 Kästchen, davon sind 3 eingefärbt, also $\frac{3}{27}$. Gekürzt mit 3 also $\frac{1}{9}$

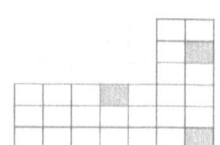

 d. Solche Fragen kommen bei der Mathe-Olympiade oder auch in Intelligenztests vor: Die Figur besteht zwar aus 13 Kästchen und 1 Kästchen außerhalb der Figur ist gefärbt.

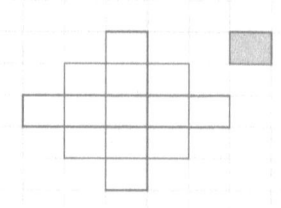

 Die Frage aber war, wie viel der Figur eingefärbt ist und da lautet die Antwort: 0 Kästchen. Also $\frac{0}{13} = 0$.

 Zugegeben: Dies ist eine kleine „Fangfrage".

2. Übertrage in Dein Heft und färbe vom Rechteck:

a. $\frac{3}{4}$: Das Rechteck beinhaltet 10 Spalten * 6 Reihen = 60 Kästchen.
Wir sollen $\frac{3}{4}$ einfärben, also 75%, und rechnen daher: (60 * 3) : 4 =
45. Wir müssen also 45 Kästchen einfärben.

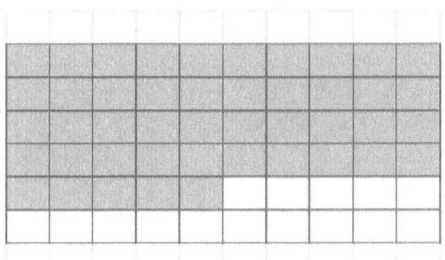

b. $\frac{1}{3}$: Wir rechnen wie bei Aufgabe a: (1 * 60) : 3 = 20 und färben entsprechend 20 Kästchen.

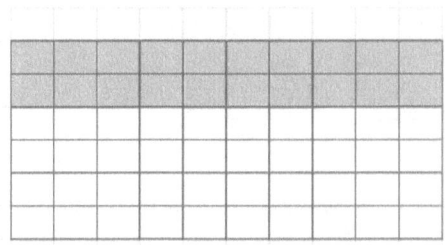

c. $\frac{2}{3}$: Dies ist $\frac{1}{3}$ mehr als bei Aufgabe b, also könnt Ihr auch einfch die
doppelte Menge an Kästchen einfärben. Zur Sicherheit prüfen wir
und rechnen: (2 * 60) : 3 = 40. Stimmt! 40 Kästchen sind zu färben.

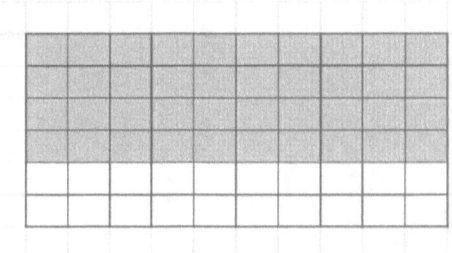

d. $\frac{5}{6}$: Wir rechnen: (5 * 60) : 6 = 50 Kästchen. Ihr könnt leicht über-prüfen, dass dies stimmt: Ihr färbt 50 Kästchen der 60 Kästchen, also $\frac{50}{60}$. Dies ist die Erweiterung von $\frac{5}{6}$ um 10!

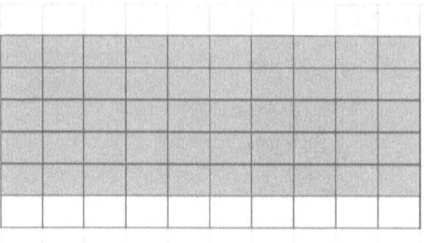

e. $\frac{1}{1}$: Dies sind 100%, also müsst Ihr das ganze Rechteck einfärben!

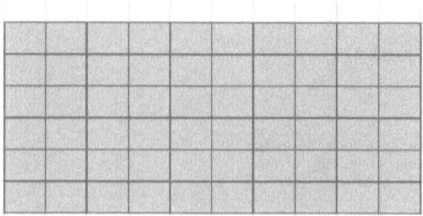

f. **20%.** Wir überlegen kurz, was 20 Prozent bedeutet und schreiben dies als Bruch: $\frac{20}{100}$. Dies können wir kürzen mit 20 und erhalten $\frac{1}{5}$. Wir müssen also wie oben rechnen: (1 * 60) : 5 = 12. Es müssen also 12 Kästchen eingefärbt werden.

Welche 12 Kästchen dies sind bleibt Euch überlassen aber wir haben versucht, ein Gesicht darzustellen:

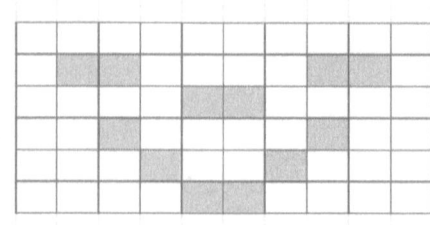

3. Berechne die Anteile an den folgenden Größen:

   a. $\frac{1}{4}$ von 8 km = (8 * 1) : 4
      = 2 km

   c. $\frac{7}{8}$ von 1.000 € = (7 * 1.000) : 8 = 875 €

   b. $\frac{2}{5}$ von 10 kg = (10 * 2) : 5
      = 4 kg

4. Welcher Anteil an einer Stunde ist zwischen 8:30 Uhr und 8:50 Uhr vergangen?

   Wir rechnen zunächst aus, wie viele Minuten dies sind. 8:50 Uhr – 8:30 Uhr = 20 Minuten. 1 Stunde hat 60 Minuten.

   Da wir wissen wollen, wie viel 20 Minuten von 60 Minuten sind schreiben wir dies einfach als Bruch: $\frac{20}{60}$.

   Die kürzen wir mit 20 und erhalten $\frac{1}{3}$. Es ist also exakt $\frac{1}{3}$ einer Stunde vergangen.

5. Notiere die Brüche als natürliche Zahl oder in gemischter Schreibweise:

   a. $\frac{35}{11}$: Wir teilen zunächst den Zähler durch den Nenner: 35 geteilt durch 11 ergibt 3 Rest 2. Dies kommt vor den Bruch. Der Rest, also 2, wird zum neuen Zähler des Bruchteils, also haben wir $\frac{2}{11}$. Insgesamt erhalten wir: $\frac{35}{11} = 3\frac{2}{11}$

   b. $\frac{48}{12}$: Da 12 ein Teiler von 48 ist können wir dies ohne Rest dividieren und erhalten als Ergebnis 4.

   c. $\frac{76}{15} = 5\frac{1}{15}$

   d. $\frac{120}{60}$: 60 ist Teiler von 120, so dass sich als Ergebnis 2 ergibt.

   e. $\frac{181}{25} = 7\frac{6}{25}$

   f. $\frac{135}{50} = 2\frac{35}{50}$. Dies kann durch 5 gekürzt werden und wir erhalten: $2\frac{7}{10}$

   g. $\frac{349}{100} = 3\frac{49}{100}$

6. Schreibe als unechten Bruch:

a. $9\frac{1}{2}$: Wir rechnen: $(9 * 2)$ $+ 1 = 19$ als neuen Zähler aus und erhalten $\frac{19}{2}$

b. $4\frac{2}{3} = \frac{14}{3}$

c. $5\frac{3}{4} = \frac{23}{4}$

d. $2\frac{3}{5} = = \frac{13}{5}$

e. $7\frac{1}{6} = \frac{43}{6}$

f. $6\frac{5}{8} = \frac{53}{8}$

g. $8\frac{9}{10} = \frac{89}{10}$

h. $3\frac{7}{12} = \frac{43}{12}$

i. $7\frac{18}{100} = \frac{718}{100}$

j. $5\frac{2}{13} = \frac{63}{13}$

k. $11\frac{1}{4} = \frac{45}{4}$

7. Wandle in einen Bruch mit dem Nenner 1.000 um:

a. $\frac{5}{4}$: Da im Nenner 1.000 stehen soll, muss dieser erweitert werden. Wir fragen uns also: $4 * ? = 1.000$. Wir müssen dies also umstellen und dividieren 1.000 durch 4 und erhalten 250 als Faktor. Jetzt müssen Zähler und Nenner also mit 250 multipliziert werden und wir erhalten $\frac{1.250}{1.000}$

b. $\frac{11}{25} = \frac{440}{1.000}$ (Erweitern um 40)

c. $\frac{9}{8} = \frac{1.125}{1.000}$ (Erweitern um 125)

d. $\frac{11}{125} = \frac{88}{1.000}$ (Erweitern um 8)

e. $\frac{41}{200} = \frac{205}{1.000}$ (Erweitern um 5)

f. $\frac{9}{50} = \frac{180}{1.000}$ (Erweitern um 200)

g. $\frac{13}{250} = \frac{52}{1.000}$ (Erweitern um 4)

h. $\frac{27}{75}$: 75 lässt sich nicht ohne Rest durch 1.000 teilen. Wir kürzen daher erst mit 3 und erhalten $\frac{9}{25}$. Jetzt können wir leicht um 40 erweitern und erhalten $\frac{360}{1.000}$.

8. Von 36 Schülerinnen und Schüler der 5a kommen $\frac{5}{12}$ zu Fuß, $\frac{2}{6}$ mit dem Fahrrad und $\frac{1}{4}$ mit dem Bus zur Schule.

   a. Wie viele Kinder gehen zu Fuß?

   Wir möchten wissen, wie viel $\frac{5}{12}$ von 36 sind. Hierzu rechnen wir einfach: (5 * 36) : 12 = 15. 15 Kinder gehen zu Fuß.

   Alternativ könnt Ihr auch berechnen, wie groß ein Anteil ist, also $\frac{1}{12}$. Hierzu nehmt Ihr einfach die Gesamtzahl und teilt diese durch den Nenner, also: 36 : 12 = 3. Es gehen aber nicht $\frac{1}{12}$ zu Fuß, sondern $\frac{5}{12}$. Ihr müsst das Ergebnis als mit 5 multiplizieren und erhaltet: 3 * 5 = 15. Ihr kommt auf dasselbe Ergebnis wie oben.

   b. Wie viele Kinder fahren mit dem Fahrrad?

   Wir rechnen: (36 * 2) : 6 = 12. 12 Kinder fahren mit dem Fahrrad!

   c. Wie viele Kinder nehmen den Bus?

   Analog zu a und b rechnen wir: (36 * 1) : 4 = 9. 9 Kinder fahren mit dem Bus zur Schule!

9. Marcus will sich ein Fahrrad für 450 Euro kaufen. Er hat schon 270 Euro gespart. Welchen Anteil des Preises muss er noch sparen?

   Wir rechnen zunächst aus, was Marcus noch fehlt:

   450 – 270 = 180 Euro fehlen Marcus.

   Jetzt wollen wir wissen, welchem Anteil dies entspricht, also wie viel 180 EUR von 450 UR sind.

   Wir schreiben dies als Bruch: $\frac{180}{450}$. Dies kann mit 5 gekürzt werden und wir erhalten $\frac{36}{90}$. Dies kann weiter vereinfacht bzw. gekürzt werden, da beide Zahlen z. B. durch 9 teilbar sind. Wir erhalten $\frac{4}{10}$. Dies könnt Ihr nochmals durch 2 kürzen und erhaltet $\frac{2}{5}$ als Endergebnis.

10. Schreibe als Hundertstelbruch. Kürze dann soweit wie möglich:

a. $2\% = \frac{2}{100} = \frac{1}{50}$

f. $25\% = \frac{25}{100} = \frac{1}{4}$

b. $5\% = \frac{5}{100} = \frac{1}{20}$

g. $75\% = \frac{75}{100} = \frac{3}{4}$

c. $17\% = \frac{17}{100}$

h. $125\% = \frac{125}{100} = \frac{5}{4}$

d. $24\% = \frac{24}{100} = \frac{6}{25}$

i. $65\% = \frac{65}{100} = \frac{13}{20}$

e. $36\% = \frac{36}{100} = \frac{9}{25}$

j. $85\% = \frac{85}{100} = \frac{17}{20}$

11. Peter behauptet, dass $\frac{7}{8}$ größer ist als $\frac{8}{9}$. Überprüfe, ob die Aussage richtig ist, ohne die Brüche zu erweitern.

Bei $\frac{7}{8}$ fehlt noch $\frac{1}{8}$ bis zum Ganzen! Bei $\frac{8}{9}$ fehlt noch $\frac{1}{9}$ bis zum Ganzen. Da aber $\frac{1}{9} < \frac{1}{8}$ fehlt dort weniger woraus wiederum folgt, dass $\frac{8}{9} > \frac{7}{8}$. Peter irrt demnach!

12. Kürze soweit wie möglich:

a. $\frac{6}{12} = \frac{1}{2}$

d. $\frac{2}{6} = \frac{1}{3}$

b. $\frac{5}{10} = \frac{1}{2}$

e. $\frac{8}{24} = \frac{1}{3}$

c. $\frac{6}{18} = \frac{1}{3}$

13. Katrin muss morgens auf dem Weg zur Schule die ersten 100 m zu Fuß gehen und kann dann den restlichen Weg mit dem Bus fahren. Die beiden Teilstrecken stehen im Verhältnis 1:60. Wie lang ist ihr gesamter Schulweg?

Der erste Teil der Strecke beträgt 100 m. Die entspricht einem Teil.

60 Teile entsprechen dann 100 m * 60 = 6.000 m = 6 km.

Die Gesamtstrecke beträgt demnach 100 m + 6.000 m = 6.100 m oder 6,1 km.

14. Gib den Bruch in der Prozentschreibweise an:

a. $\frac{15}{20}$: Wir können leicht mit 5 erweitern und erhalten $\frac{75}{100} = 75\%$

b. $\frac{16}{40}$: Wir kürzen mit 4 und erhalten $\frac{4}{10}$. Jetzt erweitern wir um 10 und bekommen $\frac{40}{100} = 40\%$

c. $\frac{48}{240}$: Wir kürzen mit 48 und erhalten $\frac{1}{5}$. Jetzt erweitern wir um 20 und erhalten $\frac{20}{100} = 20\%$

d. $\frac{37}{20}$: Wir erweitern um 5 und erhalten $\frac{185}{100} = 185\%$

15. In der Sonnenschule wurden zu diesem Schuljahr deutlich mehr Mädchen als Jungen angemeldet. Um diese auf die Klassen zu verteilen, beschließt die Schulleitung, dass das Verhältnis Mädchen : Jungen in jeder neuen Klasse 2:1 betragen soll.

Wie viele Mädchen und wie viele Jungen sind in der Klasse 5a, wenn dort insgesamt 21 Kinder lernen?

Um dies zu lösen addieren wir zunächst die Teile und erhalten: 2 + 1 = 3 Teile.

Ein Teil besteht aus 21:3 = 7 Schülern.

Die Anzahl der Mädchen beträgt also 2 * 7 = 14, die Anzahl der Jungen beträgt 7.

16. Der Kinofilm „Die Rückkehr des schwarzen Vogels" dauert 160 Minuten. Es entsteht eine gekürzte TV-Fassung mit 144 Minuten. Berechne, welcher Anteil des Originalfilms herausgeschnitten worden ist.

Aus dem Kinofilm wurde 160 – 144 = 16 Minuten herausgeschnitten.

Dies sind $\frac{16}{160}$ und gekürzt mit 16 genau $\frac{1}{10}$ oder 10%.

17. Peter möchte sich neue Sneaker für 120 EUR kaufen. Er hat schon $\frac{7}{10}$.des Preises gespart.

   a. Berechne, wie viel Geld ihm noch fehlt!

   Wir berechnen zunächst, wie viel $\frac{1}{10}$ ist, indem wir den Kaufpreis 120 EUR : 10 teilen. Wir erhalten als Ergebnis 12 EUR pro Teil. Peter hat schon $\frac{7}{10}$ gespart, also rechnen wir: 7 * 12 = 84 EUR. Ihm fehlen also noch: 120 EUR − 84 EUR = 36 EUR. Dies sind $\frac{3}{10}$.

   b. Seine Oma schenkt ihm zum Geburtstag so viel Geld, dass er dann $\frac{4}{5}$ des Gesamtpreises hat. Berechne, welchen Anteil des Gesamtpreises er von seiner Oma geschenkt bekommt.

   Wir berechnen zur Lösung wieder den Wert eines Teils, also von $\frac{1}{5}$. Wir erhalten: (120 * 1) : 5 = 24 EUR. Jetzt berechnen wir den Wert von $\frac{4}{5}$ und erhalten: 24 * 4 = 96 EUR. Ihr könnt natürlich auch rechnen: (120 * 4) : 5 = 96 EUR. Seine Oma schenkt ihm also: 96 EUR − 84 EUR = 12 EUR, also genau 10% von 120 EUR (vgl. Aufgabenteil a).

18. Wandle in die angegebene Einheit um:

   a. 0,347 m = 34,7 cm   b. 45.934 m = 45,934 km

19. Ein Quader hat die Maße 4 m, 5 m und 16 m.

   a. Volumen = 4 m * 5 m * 16 m = 320 m³

   Oberflächeninhalt = (4 m * 5 m) * 2 + (4 m * 16 m) * 2 + (5 m * 16 m) * 2 = 328 m²

   b. Ein anderer Quader mit gleichem Volumen hat eine quadratische Grundfläche mit der Seitenlänge 8 m. Berechne seine Höhe!

   Grundfläche Quadrat: 8 m * 8 m = 64 m²

   Volumen : Grundfläche = Höhe, also: 328 m² : 64 m² = 5 m

Gebt uns Euer Feedback!

Herzlichen Glückwunsch! Ihr habt das Ende unseres spannenden Mathe-Sprints erreicht. Bevor wir dieses Buch schließen, haben wir eine letzte, aber sehr wichtige Bitte an Euch: Gebt uns Euer Feedback!

Eure Meinungen und Erfahrungen sind für uns von unschätzbarem Wert. Sie helfen uns zu verstehen, was Euch besonders gut gefallen hat, welche Themen Ihr vielleicht noch knifflig fandet und wie wir das Buch für zukünftige Mathe-Sprinterinnen und -Sprinter noch besser machen können.

Euer Feedback ist der Schlüssel mit dem wir noch bessere Lernmaterialien erschließen können, die nicht nur lehrreich, sondern auch spannend und unterhaltsam sind.

Warum ist Euer Feedback wichtig?:

- **Verbesserungen**: Euer Feedback hilft uns zu verstehen, was gut funktioniert und was wir noch besser machen können. Vielleicht gibt es ein Thema, das Ihr gerne ausführlicher erklärt hättet, oder vielleicht wünscht Ihr Euch mehr Beispiele zu einem bestimmten Bereich.

- **Neue Ideen**: Habt Ihr Vorschläge für neue Themen oder spannende Wege, um Mathematik zu lernen? Eure kreativen Ideen können das Buch bereichern und zukünftigen Lesern noch mehr Spaß und Erfolg bringen.

- **Eure Erfolgsgeschichten**: Wir lieben es zu hören, wie das Buch Euch geholfen hat, Herausforderungen zu meistern, Prüfungen zu bestehen oder einfach nur mehr Spaß an Mathematik zu haben. Eure Geschichten inspirieren uns und andere!

Wie könnt Ihr Feedback geben?

- **Per E-Mail**: Schickt uns eine Nachricht mit Euren Ideen, Vorschlägen oder Eurer Rückmeldung (vgl. Kontaktmöglichkeiten).

- **Online**: Wenn Ihr könnt, hinterlasst Eure Kommentare zum Buch auf amazon.de. Wir lieben es, von Euch zu hören!

- **Über Soziale Medien**: Folgt uns einfach in den Sozialen Medien, wenn Ihr dort unterwegs seid, und schickt uns eine Direct Message (vgl. Kontaktmöglichkeiten).

- **Mit Familie und Freunden**: Teilt Eure Erfahrungen auch mit Eurer Familie und Euren Freunden. Was haben sie über Eure Fortschritte gesagt? Haben sie bemerkt, dass Ihr Spaß hattet, während Ihr gelernt habt?

Was passiert mit Eurem Feedback?

Jede Rückmeldung, die wir erhalten, wird sorgfältig gelesen und bedacht. Wir diskutieren in unserem Team, wie wir Eure Vorschläge umsetzen können, um das Buch und Euer Lernerlebnis noch besser zu gestalten. Euer Feedback ist ein Geschenk, das uns hilft zu wachsen und zu verbessern.

Eure Meinung zählt!

Denkt daran, dass jede Meinung zählt, egal ob groß oder klein. Habt Ihr eine Lieblingsaufgabe? Gibt es eine Erklärung, die Euch wie ein Licht aufgegangen ist? Oder gibt es etwas, das Ihr anders machen würdet? Lasst es uns wissen!

Jedes Feedback, ob groß oder klein, ist ein wertvoller Schatz für uns. Wir möchten, dass dieses Buch Euch auf dem besten Weg begleitet, Mathematik zu entdecken und zu lieben. Mit Eurer Hilfe können wir sicherstellen, dass "Mathematik 5. Klasse in 100 Minuten" ein treuer Begleiter für viele aufregende Lernabenteuer bleibt.

Als Abschluss unseres Mathe-Sprints möchten wir Euch von ganzem Herzen danken. Danke, dass Ihr mit uns gelernt, gelacht und Euch manchmal vielleicht auch ein bisschen geärgert habt. Ohne Euch wäre dieses Abenteuer nicht möglich gewesen.

Nun, liebe Mathe-Sprinterinnen und -Sprinter, schnappt Euch die Stifte, öffnet die Herzen und teilt Eure Gedanken mit uns. Wir freuen uns auf jedes einzelne Wort von Euch!

Euer Autorenteam,

Daniel   &   Marc

Kontaktmöglichkeiten Prof. Dr. Marc Oliver Opresnik

Prof. Dr. Marc Oliver Opresnik

Marc.Oliver.Opresnik@TH-Luebeck.de

Marc.Opresnik@Uni-Luebeck.de

Marc@Opresnik-Management-Consulting.de

https://www.facebook.com/MarcOliverOpresnik

https://www.linkedin.com/in/marcoliveropresnik/

https://www.tiktok.com/@marc.oliver.opresnik

https://www.youtube.com/c/OpresnikManagementConsulting

http://instagram.com/marcoliveropresnik/

Kontaktmöglichkeiten Daniel Jung

https://www.facebook.com/DanielJung.Education

https://www.linkedin.com/in/mathebydanieljung

https://www.tiktok.com/@daniel.jung

https://www.youtube.com/@MathebyDanielJung

https://www.instagram.com/danieljungeducation

Literatur für Wissenshungrige

Basiex, P.: Abenteuer Mathematik: Brücken zwischen Wirklichkeit und Fiktion, 5. Aufl., Spektrum, 2011

Basiex, P.: Die Welt als Spiel: Spieltheorie in Gesellschaft, Wirtschaft und Natur, rororo, 2011

Beck-Bornholdt, H.-P. und Dubben, H.-H.: Mit an Wahrscheinlichkeit grenzender Sicherheit: Logisches Denken und Zufall, rororo; 5. Aufl., 2005

Behrends. E.: Fünf Minuten Mathematik: 100 Beiträge der Mathematik-Kolumne der Zeitung DIE WELT, 3. Aufl., Vieweg, 2006

Behrends. E.: Der mathematische Zauberstab: Verblüffende Tricks mit Karten und Zahlen, rororo, 2015

Bellos, A.: Alex im Wunderland der Zahlen: Eine Reise durch die aufregende Welt der Mathematik, Berlin-Verlag, 2011

Benjamin, A. und Shermer, M.: Mathe Magie: Verblüffende Tricks für blitzschnelles Kopfrechnen und ein phänomenales Zahlengedächtnis, Heyne Verlag, 2007

Beutelspacher, A.: Mathematik für die Westentasche, Piper, 2001

Beutelspacher, A.: Kleines Mathematikum: Die 101 wichtigsten Fragen und Antworten zur Mathematik, 2. Aufl., C.H. Beck, 2010

Brater, J.: Mathe Magic – Spannendes und Kurioses aus der Welt der Zahlen. Mit zahlreichen Aufgaben zum Denken, Rechnen und Knobeln, Yes Publishing, 2022

Crilly, T und Blackburn, S. (Hrsg.): Die großen Fragen – Mathematik, Spektrum Akademischer Verlag, 2012

du Sautoy, M.: Die Musik der Primzahlen: Auf den Spuren des größten Rätsels der Mathematik, 4. Aufl., C.H. Beck, 2006

Galison, P.: Einsteins Uhren, Poincarés Karten: Die Arbeit an der Ordnung der Zeit, S. Fischer, 2003

Glaeser, G. und Polthier, K.: Bilder der Mathematik, 2. Aufl., Springer Spektrum; 2010

Herrmann, N.: Mathematik und Gott und die Welt: Was haben Kunst, Musik oder Religion mit Mathematik am Hut?, Springer Spektrum; 2014

Hesse, C.: Warum Mathematik glücklich macht, C.H. Beck, 2010

Hesse, C.: Math up your Life: Schneller rechnen, besser leben, C.H. Beck; 2016

Hoffmann, D. W.: Grenzen der Mathematik: Eine Reise durch die Kerngebiete der mathematischen Logik, Spektrum Akademischer Verlag, 2011

Macrone, M.: Heureka!: Das archimedische Prinzip und 80 weitere Versuche, die Welt zu erklären, Dtv, 2000

Mehlmann, A.: Mathematische Seitensprünge: Ein unbeschwerter Ausflug in das Wunderland zwischen Mathematik und Literatur, Vieweg, 2007

Müller. M. und Walther, C.: Forschend durch Haus und Garten – Mathematische und naturwissenschaftliche Experimente für die ganze Familie, Springer, 2022

Paenza, A.: Mathematik durch die Hintertür: Das Schubfachprinzip, der Vier-Farben-Satz und viele andere Denkwürdigkeiten aus der Welt der Zahlen, Heyne; 2007

Pincock, S. und Frary, M.: Geheime Codes: Die berühmtesten Verschlüsselungstechniken und ihre Geschichte, Ehrenwirth, 2007

Singh, S.: Fermats letzter Satz: Die abenteuerliche Geschichte eines mathematischen Rätsels, Hanser, 1998

Singh, S.: Geheime Botschaften: Die Kunst der Verschlüsselung von der Antike bis in die Zeiten des Internet, Carl Hanser Verlag, 2000

Stewart, I.: The great mathematical problems, Profile Books, 2013

Stewart, I.: Die Zahlen der Natur: Mathematik als Fenster zur Welt, Spektrum Verlag, 1998

Stewart, I.: Die Macht der Symmetrie: Warum Schönheit Wahrheit ist, Spektrum Akademischer Verlag, 2008

Taschner, R.: Zahl, Zeit, Zufall: Alles Erfindung?, Ecowin Verlag, 2007

Taschner, R.: Die Zahl, die aus der Kälte kam: Wenn Mathematik zum Abenteuer wird, Carl Hanser Verlag, 2013

Bücher in der 100-Minuten-Reihe

Marketing

Opresnik Management Guides Band 27

ASIN: B08ZVZKFLG

ISBN-13: 979-8726386348

Betriebswirtschaftslehre, 2. Aufl.

Opresnik Management Guides Band 55

ASIN: B0CW1B8QPG

ISBN-13: 979-8883961051

Strategisches Management

Opresnik Management Guides Band 33

ASIN: B09C115HWH

ISBN-13: 979-8541785098

Customer Experience Management

Opresnik Management Guides Band 39

ASIN: B09RZDMXMH

ISBN-13: 979-8409740559

Social Media Marketing, 2. Aufl.

Opresnik Management Guides Band 43

ASIN: B09V55S6C1

ISBN-13: 979-8426009561

Service Marketing

Opresnik Management Guides Band 45

ASIN: B0BSJ6HTYW

ISBN-13: 979-8374379921

Projektmanagement, 4. Aufl.

Opresnik Management Guides Band 49

ASIN: B0BZ341XD3

ISBN-13: 979-8387111006

Erfolg auf TikTok in 100 Minuten

Opresnik Management Guides Band 52

ASIN: B0CS36FC12

ISBN-13: 979-8874440862

Übungsbuch zur Betriebswirtschaftslehre

Opresnik Management Guides Band 53

ASIN: B0CSF4SR6X

ISBN-13: 979-8876214065

Über die Autoren

Daniel Jung (www.danieljung.io, www.mathefragen.de) war schon immer geprägt von der Begeisterung für das Thema Bildung und insbesondere für die Mathematik. Geboren wurde er 1981 in Remscheid. Nach dem Abitur studierte Jung an der Bergischen Universität Wuppertal Mathematik und an der Deutschen Sporthochschule Köln Sport. Bereits in der Schulzeit und während seines Studiums gab er Nachhilfeunterricht. Für seine Tätigkeit als Nachhilfe- und Tennislehrer gründete er sein eigenes Unternehmen. Als Daniel im ersten Semester für seine Klausuren lernte, stieß er auf die YouTube Videos von amerikanischen Professoren, die ihre gesprochenen Vorlesungen online für jeden zur Verfügung stellten. Er stellte daraufhin fest, dass er mit den Onlinevideos deutlich besser und schneller lernte, als mit den Präsenzvorlesungen seiner eigenen Mathematikprofessoren. So kam er auf die Idee, das Gleiche auf Deutsch auszuprobieren und erreichte mit seiner „Nugget-Learning-Methode" schnell ein Millionenpublikum. Seit nunmehr über 10 Jahren schafft er es, komplizierte mathematische Inhalte, für jeden verständlich und jederzeit zugänglich zu machen.

Seit Neuestem erforscht Daniel mit seinem Team im Rahmen des Projekts AIEDN (AI in Education) die Wirksamkeit eines KI-gestützten Lernassistenten für effizienteres Lernen und mehr Freiheit für die Lehrkraft. Er hat es sich zum Ziel gesetzt, den zeitgemäßen Zugang zu Bildung für jeden zu ermöglichen, damit jeder ausnahmslos alles erreichen kann — unabhängig von der sozialen Herkunft!

Daniel ist überdies als Unternehmer der Daniel Jung Media GmbH und Investor in den Bereichen Bildung und künstliche Intelligenz aktiv. Er hält Vorträge auf Konferenzen und Universitäten zum Thema Bildung und zählt zu den am meisten gesehenen Online-Tutoren der Welt.

Marc Oliver Opresnik (www.opresnik-management-consulting.de) ist Professor für Marketing und Management und Mitglied des Board of Directors am _SGMI Management Institut St. Gallen_, einer führenden internationalen Business School. Er ist außerdem Professor für Betriebswirtschaftslehre an der _Technischen Hochschule Lübeck_ sowie Gastprofessor an internationalen Universitäten wie der _Regent's University London_ und der _East China University of Science and Technology (ECUST)_ in Shanghai. Er verfügt über 10 Jahre Erfahrung in leitenden Management- und Marketingpositionen bei Shell International Petroleum Co. Ltd.

Zusammen mit Kevin Keller und Phil Kotler, dem bekanntesten Marketing-Professor der Welt, zeichnet er als Co-Autor für die deutsche Ausgabe von „Marketing Management", der „Bibel des Marketings", verantwortlich. Neben Gary Armstrong und Phil Kotler ist Herr Dr. Opresnik gleichfalls Co-Autor der globalen Ausgabe von „Marketing: An Introduction", einem der weltweit erfolgreichsten Marketing-Lehrbücher. Außerdem ist Herr Dr. Opresnik Mitherausgeber mehrerer Fachzeitschriften und fungiert als Gutachter für diverse Journals, u. a. „Transnational Marketing", „Journal of World Marketing Summit Group" und „International Journal of New Technologies in Science and Engineering".

Im März 2014 wurde Dr. Opresnik zum „Chief Research Officer" bei Kotler Impact Inc. ernannt, dem international tätigen Unternehmen von Phil Kotler. Darüber hinaus wurde er zum „Chief Executive Officer" des Kotler Business Program ernannt, einer Initiative zur Verbesserung der Marketing-Ausbildung weltweit durch Online- und Offline-Lernen mit Pearson als globalem Bildungspartner.

Herr Dr. Opresnik ist Inhaber des Beratungsunternehmens „*Opresnik Management Consulting*" und arbeitet als Trainer, Keynote-Speaker und Berater (http://bit.ly/Opresnik-Management-Consulting; www.opresnik-management-consulting.de) für zahlreiche Institutionen, Regierungen und internationale Konzerne wie Google, Coca-Cola, McDonald's, Dräger, RWE, SAP, Porsche, Audi, VW, Shell, Unilever, Procter & Gamble, L'Oréal, Bayer, BASF und adidas.

Über 100 Millionen Menschen haben Herrn Dr. Opresnik als TEDx Speaker und Referenten auf Kongressen und Symposien und als Trainer in Seminaren zu Marketing, Vertrieb und Verhandlungsführung im In- und Ausland erlebt und von seinen Impulsen beruflich wie persönlich profitiert.

Mit seiner langjährigen internationalen Erfahrung zählt Marc Opresnik weltweit zu den renommiertesten Experten für Marketing, Strategisches Management und Verhandlungsführung.

Index

M

Maßeinheit 5, 6, 7, 55, 56, 57
Maßstab 9, 10, 12, 15, 16, 62
Maßzahl 5, 6, 7, 56, 60
Minuend 17
Multiplizieren 10, 18, 19, 21, 22, 24, 29

N

Nachfolger 2, 10
Natürliche Zahlen 8, 10, 1
Netz 10, 46, 48, 49, 51

O

Oberflächeninhalt 61, 62, 66, 71, 91, 100
Ordinate *Siehe* Y-Achse

P

Parallelogramm 47, 50, 52
Polygon *Siehe* Vielcke
Potenzieren 10, 30, 31
Primfaktorzerlegung 10, 33, 34, 35, 39, 42
Primzahlen 10, 33, 34, 35, 39, 41, 96
Prisma 43
Produkt 23, 27, 28, 34, 35, 39, 41
Prozent 11, 81, 82, 83, 94
Pyramide 43

Q

Quader 10, 43, 48, 62, 64, 66, 71, 91, 100
Quadrat 47, 55, 68, 100
Quotient 11, 23, 77

R

Raute 47
Rechengesetze 10, 28, 38, 41
Rechteck 47, 48, 55, 57, 58, 68, 88, 93, 94
Rhombus *Siehe* Raute
Runden 4, 5, 10, 14

S

Säulendiagramm 1, 2
Schrägbild 10, 48, 50, 52
Stellenwerttafel 2, 3, 10
Strecke 6, 9, 12, 16, 44, 80, 98
Subtrahend 17
Subtraktion 17, 18, 22, 23, 24, 26, 29
Summand 17
Summe 17, 29, 36, 37, 54, 62, 85

T

Teilbarkeitsregeln 10, 36
Teiler 10, 31, 32, 33, 37, 39, 41, 95
Teilflächen 54, 57, 58
Terme 10, 28
Trapez 47, 50, 52

U

Umfang 54, 55, 65, 66, 68, 69, 72, 81
Umrechnungsfaktoren 55
unechte Brüche *Siehe* Brüche

V

Vertauschungsregel *Siehe* Kommutativgesetz
Vielecke 10, 43, 44
Vielfache 10, 31, 32, 33
Volumen 11, 59, 60, 61, 62, 63, 64, 66, 71, 72, 73, 74, 80, 91, 100
Volumeneinheiten 11, 60, 61, 63